秘密花园：自然百科大图鉴

［英］萨莉·休伊特◎著
刘　勇　汪隽逸◎译
本册：刘　勇◎译

甘肃科学技术出版社

图书在版编目（CIP）数据

秘密花园：自然百科大图鉴：全6册.1,天气/（英）萨莉·休伊特著；刘勇，汪隽逸译.-- 兰州：甘肃科学技术出版社，2021.6

ISBN 978-7-5424-2780-9

Ⅰ.①秘… Ⅱ.①萨… ②刘… ③汪… Ⅲ.①自然科学－青少年读物②天气－青少年读物 Ⅳ.①N49 ②P44-49

中国版本图书馆CIP数据核字(2020)第262601号

著作权合同登记号：26-2020-0117号
Discovering Nature. Weather

An Aladdin Book
Designed and directed by Aladdin Books Ltd
PO Box 53987, London SW15 2SF England

MIMI HUAYUAN: ZIRAN BAIKE DA TUJIAN (QUAN 6 CE)
秘密花园：自然百科大图鉴（全6册）
［英］萨莉·休伊特　著
刘　勇　汪隽逸　译
本册：刘　勇　译

责任编辑　宋学娟
特约编辑　肖芳丽
封面设计　方　舟

出　　版　甘肃科学技术出版社
社　　址　兰州市读者大道568号　730030
网　　址　www.gskejipress.com
电　　话　0931-8125103（编辑部）　0931-8773237（发行部）

发　　行　甘肃科学技术出版社　　印　　刷　湖北金港彩印有限公司
开　　本　889mm×1194mm　1/16　　印　　张　12　　字　　数　130千
版　　次　2021年10月第1版
印　　次　2021年10月第1次印刷
书　　号　ISBN 978-7-5424-2780-9　　定　　价　118.00元

目　录

简介

烈日炎炎、大雨倾盆、狂风呼啸、大雪纷飞，这是几种不同的天气。你可以从了解天气中获得乐趣，找出季节是如何随着地球围绕太阳的运动而发生变化的，留意暴风雨来临的前兆，测量温度，制作测风仪，记录你那里每天天气的变化。

留意数字1、2、3后面的内容，这些文字为你提供指导。按照正确的步骤操作，就能开展实验和各种活动了。

拓展阅读

当你看到这个“自然观察员”的标志，就能读到更多有趣的知识，例如云的不同形状，可以帮你更好地了解天气。

提示和技巧

· 把你制作的天气探测仪器放在随手能拿到的地方，固定住，以免被风吹掉。

· 当你去野外散步时，记得带上雨衣和太阳帽，为迎接各种天气做好准备。穿的鞋子要结实。带一个包，里面装上笔记本、铅笔和饮料。

· 密切关注天空中发生的变化：例如，你看到了什么云，天气有多热等。

不要直视太阳

这个特殊的警告标志表明，你在进行实验活动时需要格外小心。例如，不能直视太阳。强烈的太阳光线会对你的眼睛造成伤害，甚至可能导致失明！

如果看到这个标志，需要请大人帮助你。不要使用锋利的工具或独自探索。

气候

有些地方一年四季都很热，有些地方则寒冷或多雨。一个地方常年的天气状况称为气候。你可以制作几个迷你气候模型，并研究气候是如何影响植物生长的。

炎热、寒冷、干燥和潮湿

1 准备4个塑料碗、几卷卫生纸以及一包速生植物（青草或水芹等）种子。

2 把卫生纸铺在塑料碗的底部，然后撒上种子。现在，把塑料碗分别放在几处模拟不同气候的地方。

4 把最后一个塑料碗放在室外，不要浇水。然后，注意观察这4种迷你气候模型哪一种最适合种子生长。

3 把其中一个塑料碗放进冰箱。这里寒冷、干燥、阴暗，就像极地气候！把两个塑料碗放在温暖、阳光充足的窗台上。但是，只给其中一个塑料碗浇水，并盖上盖。

世界各地

世界上有许多不同类型的气候。哪一种与你制作的迷你气候模型相似？

温带气候

温带气候夏季温暖，冬季寒冷，一年四季任何时候都可能下雨。

沙漠气候

沙漠气候几乎没有降雨。许多沙漠都很热，但有些沙漠很冷，例如北极和南极的沙漠。

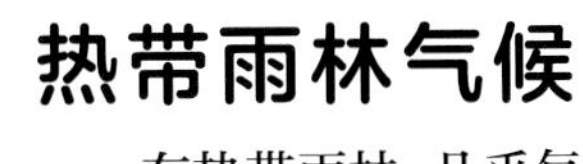

热带雨林气候

在热带雨林，几乎每天都下雨，而且空气总是很潮湿。

季节

有些地方的气候会发生变化，上个月还很热，这个月就变得很冷。这就是季节的变化。之所以出现这种现象，因为地球是倾斜的，你可以利用下面的实验加以验证。

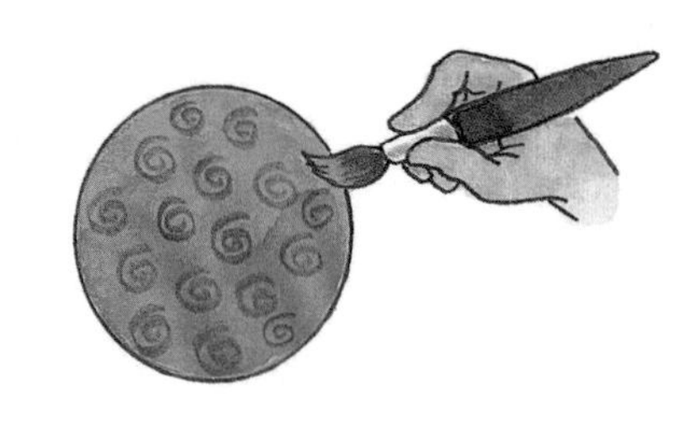

倾斜的地球

1 你需要请一个朋友帮忙。另外准备两个球，把其中一个球涂成黄色，代表太阳。另一个代表地球。

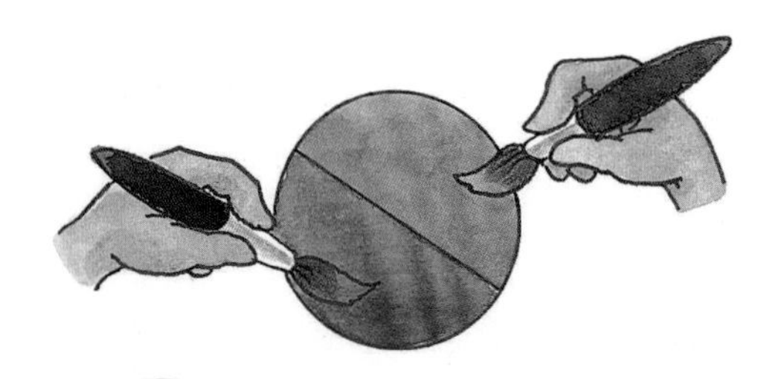

2 在另一个球中间画一圈线，代表赤道，也就是一条假想的围绕地球的线。

3

把火柴棍分别粘在球的顶部和底部，代表南北两极。现在，把地球倾斜放置，你会看到，地球有一半离太阳更近，这个半球处于夏季。

拿着地球围绕太阳走，你会看到，原先距离太阳近的那个半球变得距离太阳越来越远，现在，这个半球处于冬季。

季节

季节变化能给植物和动物带来一些巨大的变化。

冬季过后，春天带来温暖的天气。植物开始发芽，动物开始产仔。

夏季是一年中最热的时候。草木葱郁，鲜花盛开。

秋季比较凉爽。一些树木的叶子开始变成褐色，从树上落下来。

冬季是最冷的季节。动物身上的皮毛变得越来越厚。有些地方可能会下雪。

在夏季，北极兔身上的皮毛是褐色的。到了冬季，它们的皮毛变成白色，有助于在雪地隐藏。

风

地球周围的空气时刻都在运动，有时运动非常剧烈，从而引发暴风雨。这种流动的空气被称为风。你可以制作一个测风仪，用来测量风的强度。

测风仪

1 制作测风仪，你需要准备：一根长棍子、一团线绳、纸巾、书写纸、锡纸、薄卡片、厚卡片以及一个打孔机。

2 把各种纸都裁成长方形。在每张纸条的一端打孔。把纸条系在棍子上，最轻的纸条系在棍子顶部，最重的纸条系在底部。

纸巾

书写纸

锡纸

薄卡片

厚卡片

3

把你的测风仪拿到室外，测一测风力有多大。微风只能吹动纸巾，大风才能吹动厚卡片。

蒲福风力等级表

气象专家使用蒲福风力等级表来测量风力。

烟直上（无风）

烟飘动（轻风）

树叶颤动（微风）

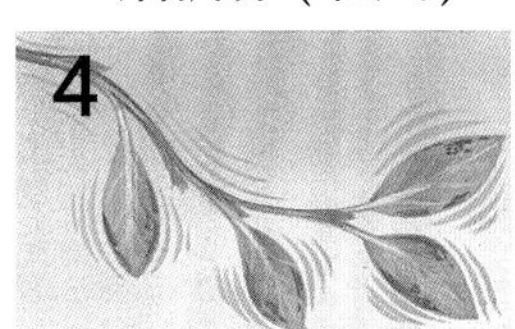

树枝摇动（和风）

水面有波浪（清风）

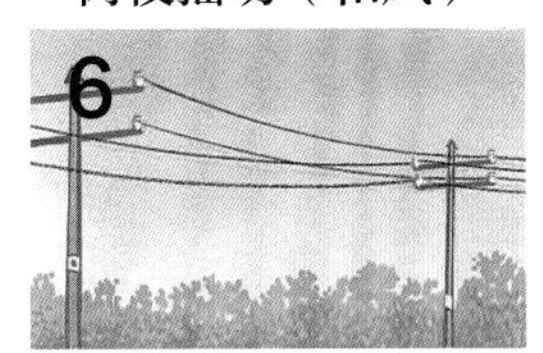

风发出呼啸声（强风）

树木被吹弯（疾风）

人难以行走（大风）

房屋瓦片被吹掉（烈风）

树木被连根拔起（暴风）

气压

虽然你感觉不到，但是头顶上方的空气一直在压着你，这就是气压。气压发生变化时，通常会带来天气变化。

变重

气压是用气压计测量的。制作气压计，你需要准备：一个气球、一个果酱瓶、一根吸管、一条橡皮筋、一根牙签、一把剪刀以及一卷胶带。

气球开口那一端剪掉，然后把它蒙在果酱瓶上。用橡皮筋把气球固定住，防止脱落。

3 用胶带把牙签固定在吸管一端，再用胶带把吸管另一端固定在瓶口的气球上，做成一个指针。

4 高压会带来好天气，低压带来坏天气。因此，在长方形卡片顶部画一个太阳，底部画一朵云。

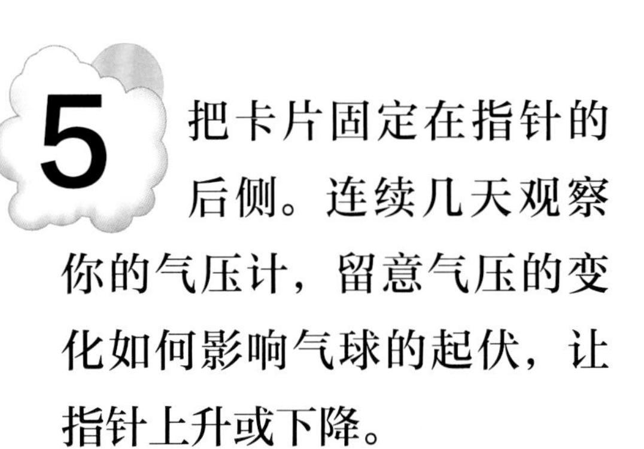

5 把卡片固定在指针的后侧。连续几天观察你的气压计，留意气压的变化如何影响气球的起伏，让指针上升或下降。

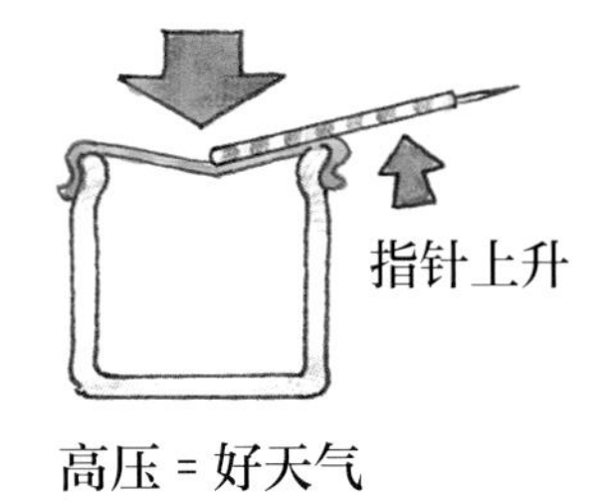

高压 = 好天气

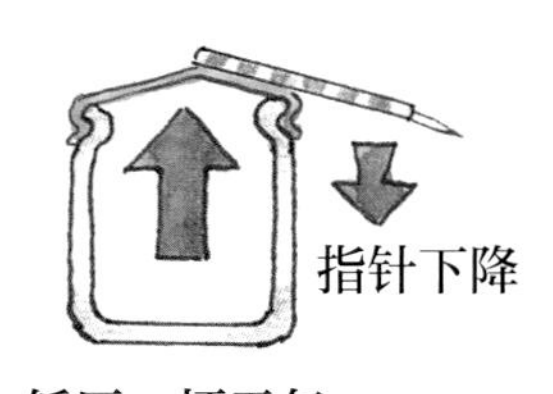

低压 = 坏天气

气压计

也许你家里有气压计。它的指针能显示气压、预报天气状况。

把它跟你自制的气压计比较一下，看看自制的气压计精度如何。

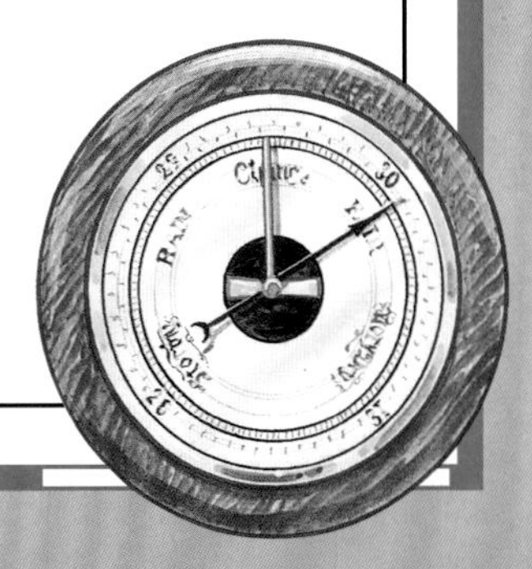

水蒸气

空气中到处都有被称为水蒸气的气体。通常，你看不见水蒸气，但是当空气冷却时，这些气体就会逐渐变大，形成云。

制作云

1 你可以在瓶子里制作云。在一个透明的塑料瓶里装满热水。

2 把盛满热水的瓶子静置几秒钟。把瓶子里的热水倒掉一半，然后，把一个冰块放在瓶口。

3

注意观察，当冰块使瓶子里的水蒸气冷却时，就会产生一团像云一样雾蒙蒙的水滴。

云

云的形状多种多样，形成的位置也不一样。根据它们的形状和位置，我们可以预测即将到来的天气状况。

卷云：卷云在空中的高度很高，呈丝缕状，是坏天气的预兆。

积云：积云呈白色、蓬松状，往往会演变成暴风云。

积雨云：积雨云是乌黑、庞大的暴风云。

层云：层云是高度较低的层状云，可能会带来降雨或降雪。

降水

构成云的水滴和冰粒（参见第14、15页）不停地旋转、碰撞，变得越来越大。一旦它们变得足够重，就会以雨、雪或冰雹的形式降落到地面上。

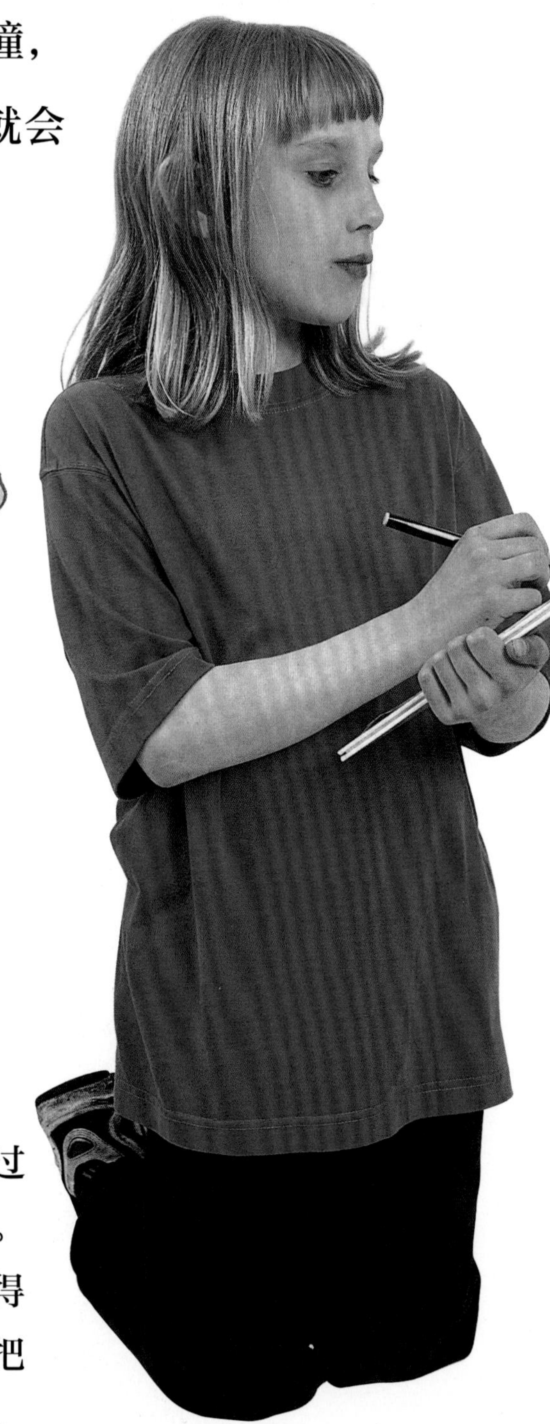

请大人帮助你

收集雨水

1 制作一个雨量计，用来测量你所住地区的降雨量是多少。把一个透明塑料瓶的顶部剪掉。

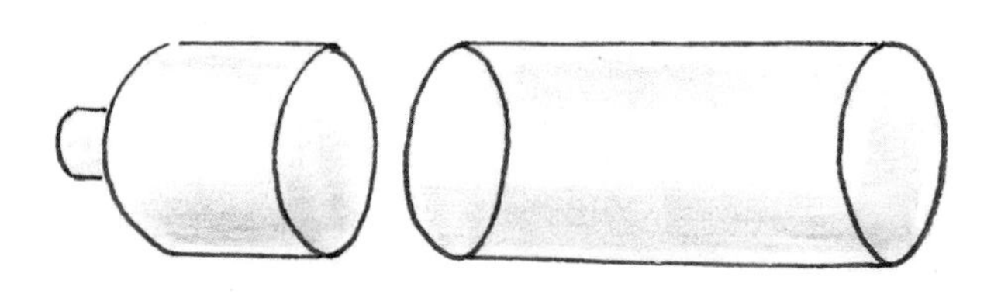

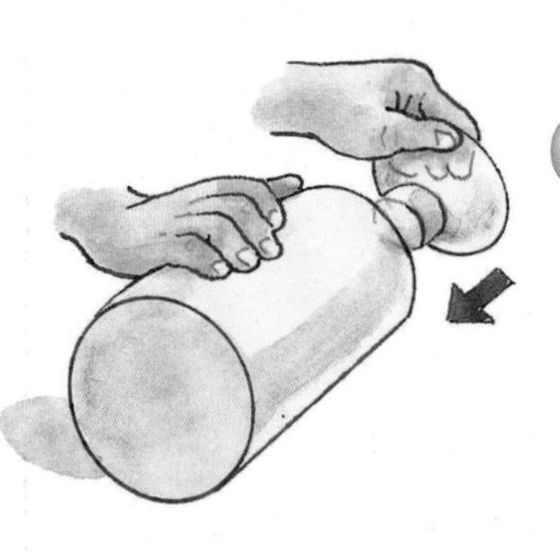

2 把剪掉的部分倒过来，插入瓶子里。把参差不齐的边缘修剪得平滑一些，然后用胶带把边缘包起来，制成雨量器。

3

把做好的瓶子放在室外的空地上，用来收集雨水。用4块砖头把它卡在中间，以免被风吹倒。

4

在每天同一时间，把瓶子中所有的水倒入量杯，测量一下降水量是多少。

雪和冰雹

冰雹是由云中的冰晶构成的。这些冰晶凝结在一起，形成微小的冰球，降落到地面上。

如果天气足够冷，微小的冰晶也能掉落，它们就是雪花。每一片雪花的形状都不相同。

蒸发

雨过天晴，地上的水坑很快就会干涸。坑中的水并不是凭空消失，而是变成了水蒸气（参见第 14、15 页）。这一变化过程被称为蒸发。

水坑干涸

1 将一个旧碟子装满水，静置在阳光充足的窗台上。用防水记号笔在水的边缘做一个记号。

2

每天同一时间在碟子里水的边缘做一个记号。根据这些记号，你可以看出水蒸发到空气中的速度有多快。

水循环

水循环是指水在陆地、海洋与空气之间的循环运动。

太阳给海洋、河流、湖泊以及水坑里的水加热，使它们蒸发。

水蒸气在空气中逐渐上升并变冷，凝结变成小水滴，然后落回地面。河流携带着这些水回到海洋，在海洋里再次蒸发。

温度

随着天气变化，你会注意到，室外可能变得更温暖或更寒冷。温度用来描述物体的冷热程度，你可以用温度计对温度进行测量。

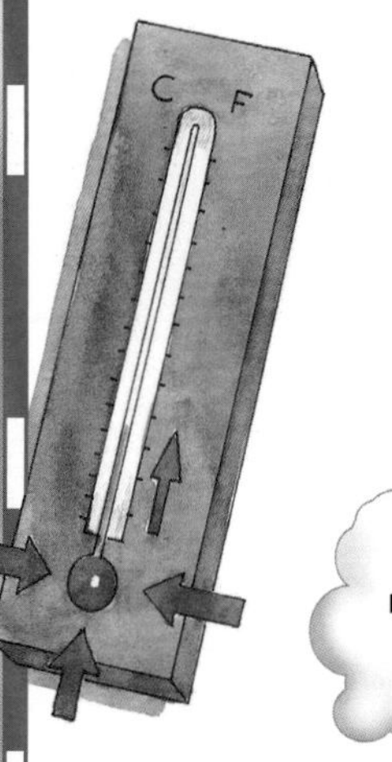

请大人帮助你

阳光和阴影

1 温度计玻璃管中装的是一种液体。当液体受热时，体积就会变大（膨胀），在玻璃管中升高。

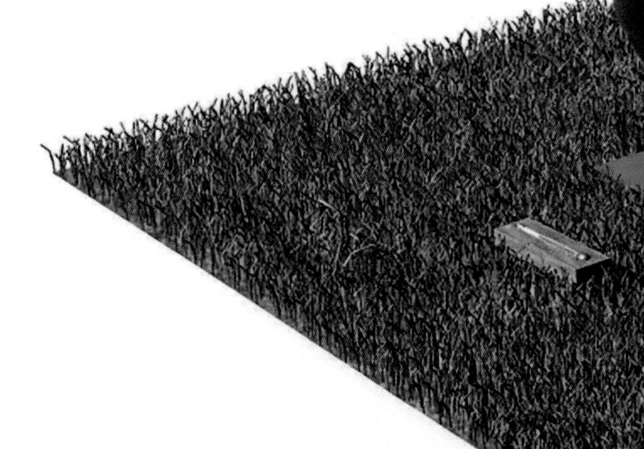

2 把一支温度计放在阳光充足的地方。把温度计中液体显示的度数记录下来。

小心，温度计的玻璃可能会被摔碎！

摄氏度

我们用摄氏度来计量温度，摄氏度写作℃。

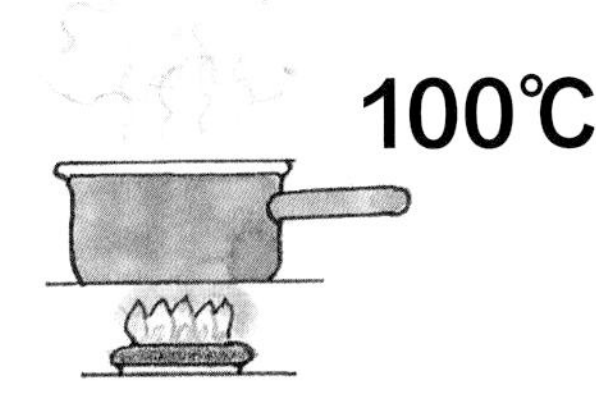

100℃

在标准大气压下，水到达100℃时沸腾。

30℃

30℃的室外温度使人感觉很热。穿轻便的夏季衣物会让你感觉凉爽。

20℃

20℃的室内温度使人感觉温暖舒适。

2℃

2℃的室外温度使人觉得很冷。你需要穿上保暖的外套，戴上保暖的帽子。

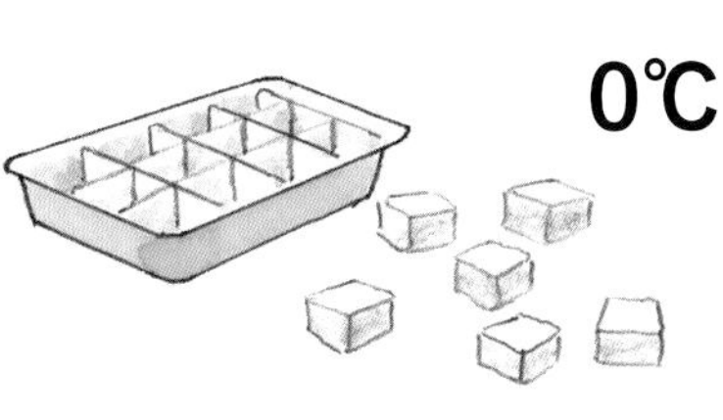

0℃

水在0℃时结冰。

3 在同一时间，把另一支温度计放在阴凉的地方。温度计显示的度数是多少？与阳光下的温度相比，阴凉处的温度是更高，还是更低？

太阳

太阳的光和热会被反光的物品反射出去，因此，我们可以利用这类物品保持凉爽。但是，深色的物品因容易吸收热量会变热。你可以通过下面的实验加以验证。

温暖和凉爽

1 你需要准备：锡纸、一个黑色塑料垃圾袋、两支温度计、橡皮泥、胶带以及两个装满冷水的透明塑料瓶。

2 用锡纸把一个塑料瓶裹起来，用垃圾袋把另一个塑料瓶裹起来。用胶带分别把锡纸和垃圾袋缠起来固定住。

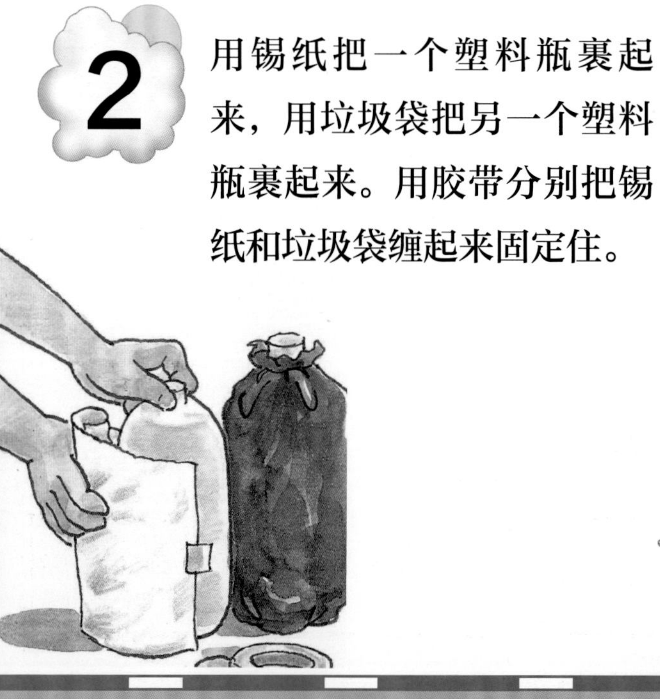

3 把温度计插入瓶中，用橡皮泥把温度计固定住。把这两个瓶子放在太阳下静置约一个小时，然后，查看它们的温度。哪一个瓶子的温度更高?

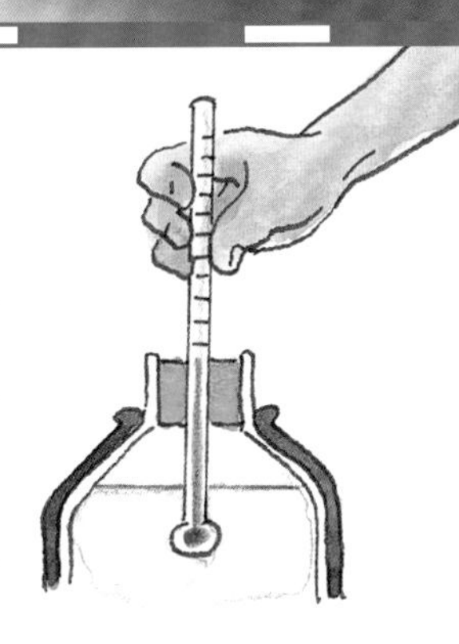

太阳镜

虽然太阳给我们带来光和热，但它的光线很强，可能会给我们造成伤害。

在晴朗的夏日，太阳镜可以保护你的眼睛免受太阳的强光伤害。

不要直视太阳

在晴朗的冬日，由于雪反射阳光，你可能也需要戴太阳镜！

暴风雨

暴风雨是一种恶劣的天气，往往伴随着暴风（参见第 10、11 页）、骤雨以及雷电。暴风雨来临时，你最好待在室内。你也可以在暴风雨期间在室内做一些有趣的实验。

打雷和闪电

1 打雷和闪电是在同一时间发生的。不过，因为光的传播速度比声音快，所以我们会先看到闪电，后听到雷声。测量一下，你看到闪电与听到雷声之间的时间间隔是多久。

2 雷声的传播速度为3秒/千米，因此，你可以计算出暴风雨与你之间的距离。6秒意味着暴风雨在你2千米以外的地方。

能旋转的风

飓风是范围广大、能够旋转的暴风，直径可达数百米。飓风在温暖、潮湿的海洋上逐步孕育生成，会给沿海地区造成巨大损失。

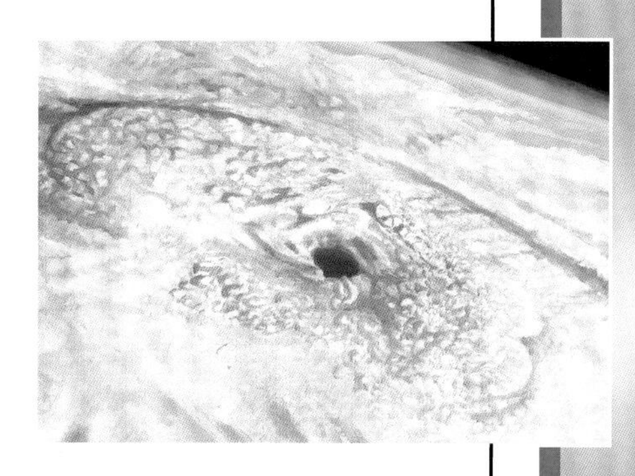

龙卷风或旋风是一种螺旋状的空气旋涡，从地面疾速吹过。它所到之处，卡车能被卷起，树木被连根拔起，房屋被吹倒。

污染

我们周围的空气看起来似乎很洁净，实际上却充满了看不见的污垢。车辆、工厂和烟囱等排放的浓烟污染着我们周围的空气，由此引发了恶劣的天气，例如酸雨和烟雾。

烟雾迷住你的眼睛

1 利用下面的方法，你可以亲眼看见污染有多严重。用一块浅色布料（一块旧手帕就行）裁出一大一小两块正方形布。

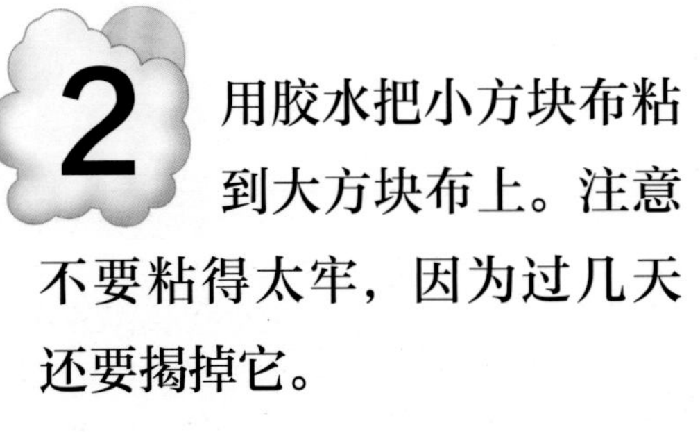

2 用胶水把小方块布粘到大方块布上。注意不要粘得太牢，因为过几天还要揭掉它。

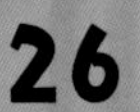

3 找一条交通繁忙的马路，把粘好的布料悬挂在马路附近，但千万不能放在马路上。

4 至少过一个星期之后，把小方块布揭掉。你会看到，大方块布被遮住的地方是多么干净，而其余部分却很脏。

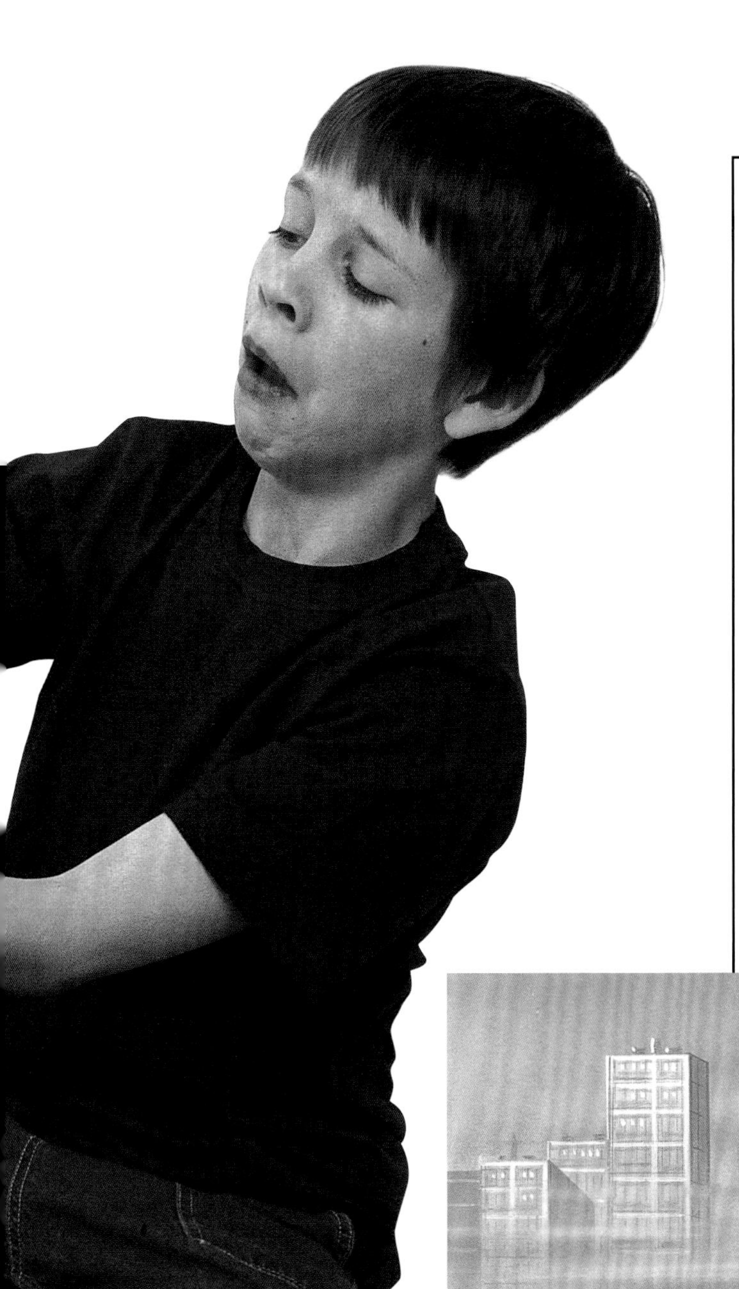

雾霾和酸雨

空气中的污染能使雨水变得像柠檬汁一样酸！酸雨会给树木造成伤害，甚至会腐蚀石质建筑和雕像。

在交通繁忙的大城市，大量汽车排出的尾气等废气可能会产生浓厚的雾霾，在天气晴朗时尤为严重。雾霾会导致一些人呼吸困难。

记录天气

你可以利用本书中的一些实验项目，建造一座属于你自己的气象站。坚持把各项测量结果记录下来，把它们跟报纸上或电视里的天气预报进行对比，看看有什么相同之处。

坚持每天做天气记录

1 在距离地面 1.5 米高的阴凉处悬挂一支温度计。在每天同一时间把度数记下来。

2 雨量计可以告诉你，每天天气的潮湿度或干燥度。

3 气压计可以帮助你预测天气会变好还是变坏。

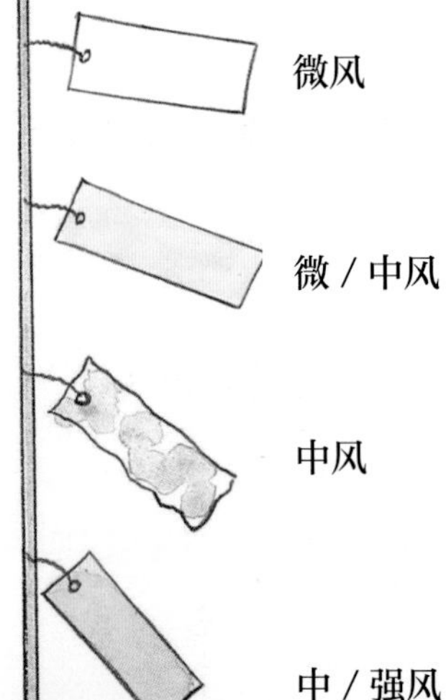

4 测风仪可以告诉你，今天的天气是否适合放风筝。

天气图

天气预报员用一些类似符号的小图标制作天气图，方便我们理解。每一个符号代表一种天气类型。

乌黑的暴风云带来雷电。

这种云的符号代表大雨或小雨。

这种符号代表晴朗多云。

这种符号代表天气晴朗、阳光灿烂。

这个箭头表示风的方向及强弱。

圆圈里的数字表示以摄氏度为单位的温度。

你知道吗？

气候

一个地方常年的天气状况被称为气候。

你还记得气候的不同类型吗？翻到 6、7 页，看看提到了哪些类型。

季节

不同类型的天气以年为周期进行循环，形成季节。例如，冬季通常寒冷，夏季往往炎热。从 8、9 页你可以看到，导致季节发生变化的原因是什么。

风

空气从一个地方移动到另一个地方，形成风。风的形式多种多样，有微风，也有龙卷风等。根据 10、11 页的实验项目，你可以利用自己制作的测风仪，对风进行测量。

气压

身体上方的空气把我们向下压，这种现象称为气压。气压发生变化，通常会带来天气变化。在本书 12、13 页，你可以了解气压是如何影响天气的。

气压计

一种用来测量气压的设备，还可以用来预报天气状况。

本书 12、13 页教你如何制作属于自己的气压计。

水蒸气

水蒸气是水的气体形式。大多数时候，你看不见水蒸气，但是，当水蒸气遇冷凝结形成云时，你就能看见它。

翻到 14、15 页，了解关于水蒸气的详细内容。

云

空气中看不见的水蒸气遇冷凝结变成看得见的水滴，由此形成云。云有很多类型，它们都与不同的天气有关。

在 14、15 页，你可以找到制作云的方法，并能根据云的不同形状预测即将到来的天气状况。

蒸发

一个水坑干涸时，坑里的水并不是凭空消失，而是蒸发了。这意味着水转化成一种气体——水蒸气。

利用 18、19 页的实验项目，你可以测量一下坑中的水蒸发速度有多快。

温度

温度是指某样物品有多热或多冷。

根据 20、21 页的实验项目，使用温度计测量温度。

暴风雨

暴风雨是恶劣的天气，伴随着暴风、骤雨。

翻到 24、25 页，你能了解暴风雨有哪些不同类型，如何用手表算出暴风雨离你有多远。

污染

有害的化学物质进入环境中可能会产生污染。污染会引发恶劣的天气，例如酸雨或雾霾。

从本书 26、27 页的实验项目，你可以看出空气污染的严重程度。

秘密花园：自然百科大图鉴

季　　节

［英］萨莉·休伊特◎著

刘　勇　汪隽逸◎译

本册：刘　勇◎译

甘肃科学技术出版社

图书在版编目（CIP）数据

秘密花园：自然百科大图鉴：全 6 册 . 2, 季节 /
（英）萨莉・休伊特著；刘勇，汪隽逸译 . -- 兰州：甘
肃科学技术出版社，2021.6
ISBN 978-7-5424-2780-9

Ⅰ . ①秘… Ⅱ . ①萨… ②刘… ③汪… Ⅲ . ①自然科
学－青少年读物②季节－青少年读物 Ⅳ . ① N49
② P193-49

中国版本图书馆 CIP 数据核字 (2020) 第 262628 号

著作权合同登记号：26-2020-0117 号
Discoving Nature. All Year Round

An Aladdin Book
Designed and directed by Aladdin Books Ltd
PO Box 53987, London SW15 2SF England

目　录

简介

随着季节变换，你会看到周围的动植物也跟着发生很大的变化。坚持写自然日记，你会从中找到乐趣；聆听一年四季不同的自然之音；留意迁徙的候鸟。在向日葵花盆上画画，用秋季的树叶作画，学习如何帮助动物过冬。

留意数字 1、2、3 后面的内容，这些文字为你提供指导。按照正确的步骤操作，你就能开展实验和各种活动了。

拓展阅读

当你看到这个“自然观察员”的标志，就能读到更多有趣的知识，例如，一些动物迁徙的距离有多远，帮助你更好地了解一年四季的自然知识。

提示和技巧

· 不要从植物上采摘叶子或花朵，只捡拾那些已经落在地面上的。

· 观察动物的时候，尽量不要打扰它们。如果你需要带走它们，在观察任务完成后，务必送回原处。

·如果你手上或其他地方有伤口,在接触土壤前,务必用创可贴把伤口贴上。

· 当你接触植物或土壤时，千万不要用手摸脸或揉眼睛。研究完成后把手洗干净。

一些浆果是有毒的

这个特殊的警告标志表明，你在进行实验活动时需要格外小心。例如，当你寻找野生浆果时，一定要先询问大人能不能吃。一些浆果有毒，如果你吃了，就会生病。

如果看到这个标志，需要请大人帮助你。不要使用锋利的工具或独自探索。

自然日记

仔细观察并聆听，你会注意到，自然一年四季都在发生令人着迷的变化。你可以制作一本自然日记，把一年里在城市和乡村看到的各种现象都记录下来。

十二月

天气

山鸡

苏格兰松

月复一月

为制作自然日记，你需要准备：一本较大的剪贴簿、钢笔、铅笔、胶水以及胶带。每个月的内容放在一页，如右图所示。

从地上收集树叶和松针。把它们晾干，然后用胶水粘在你的日记本里。别忘了给它们贴上标签。

坚持记录

你可以使用不同的方法，在自然日记本上做记录。你记录的方式越多，你的日记就会越有趣。

把温度计悬挂在室外，记下每天的温度。把你在热天和冷天观察到的不同现象记录下来。

把你观察到的现象当场画下来，否则，你回到家后可能不记得看到了什么。把素描图粘到日记本上。

如果你有相机，也可以拍照。观察打印出来的照片，你可能会留意到原先忽略的一些细节。

备注：
12月2日：看见4只野鸡在田野里啄食。

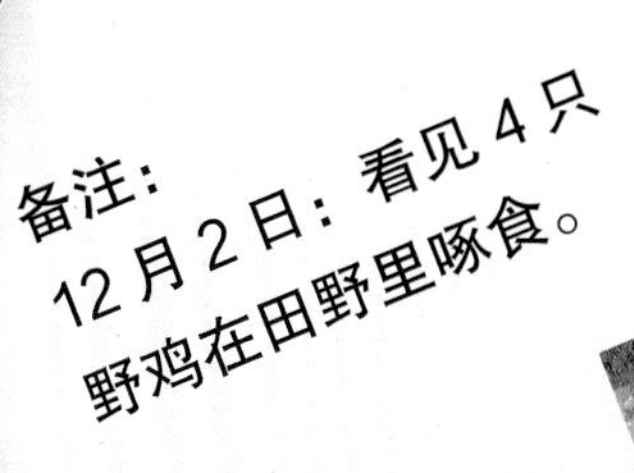

水坑结冰

草地上有霜，树木光秃

把你看到的有趣的事情画下来并做记录。每天，从下面选一个符号表示当天的天气。

晴 阴 雨 雪 雷雨

季节

春去夏来，秋去冬来，天气也在变化。注意观察每个季节中大地景观及动植物的变化。

变化的风景

1 选择一个你能经常去观察的地方。你可以寻找一个有树木或其他植物的地方，也可以找一个有池塘的地方。

2 每个季节，为你选择的地方画一幅画或拍一张照片。如果你采用绘画的方式，注意画里各种景物的颜色要跟你看到的一致。

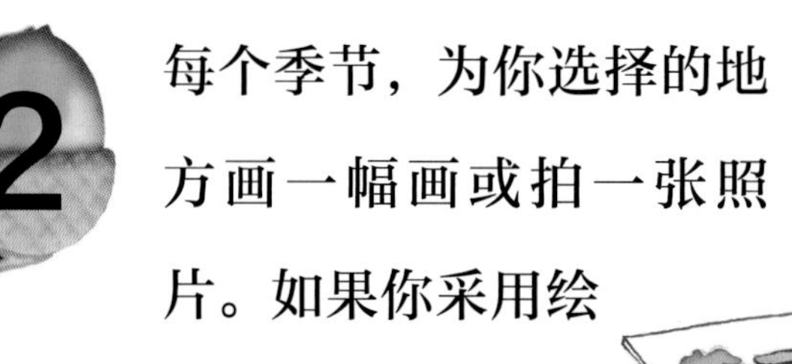

3 把你的画或照片粘在彩色卡片上，并标明相应的季节。仔细观察画或照片，看看同一个地方在不同季节有什么不同。

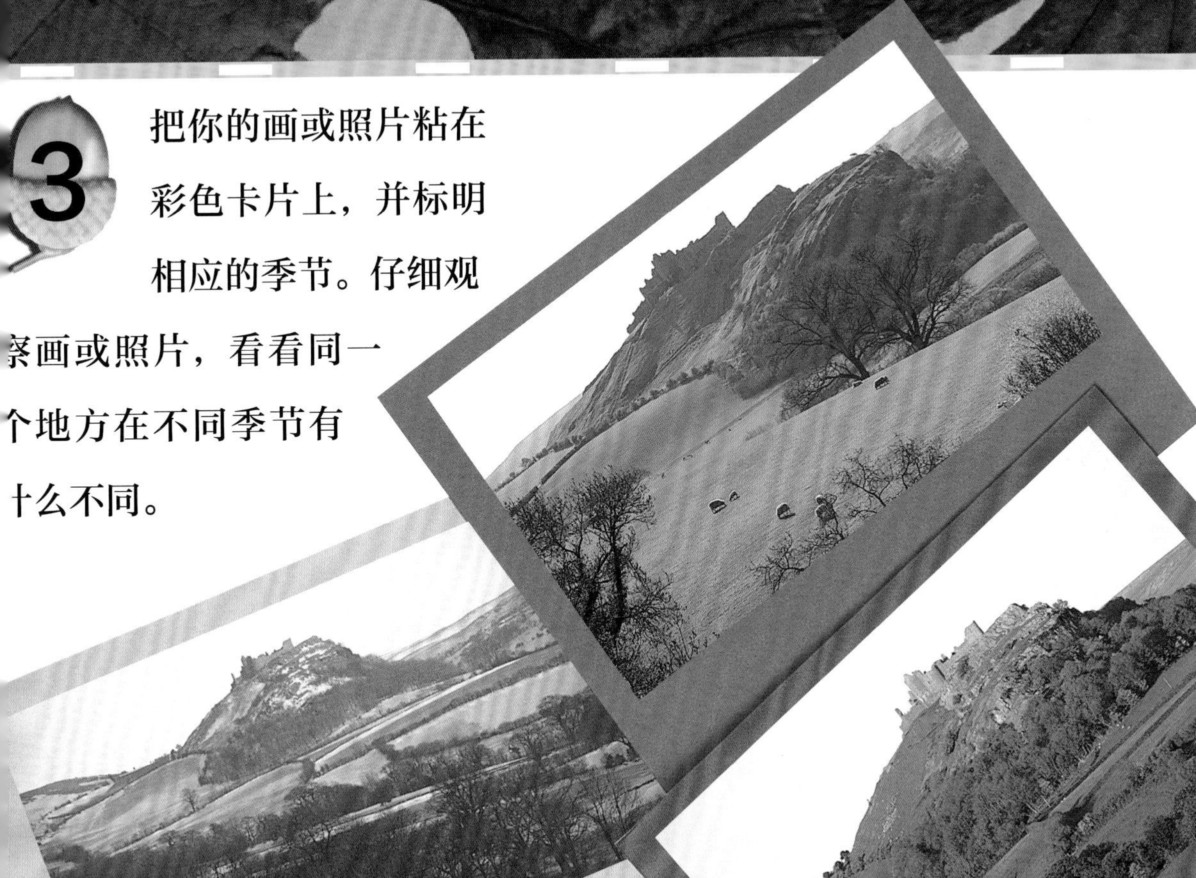

世界各地

世界每一个地方都有属于自己的天气。炎热、干燥的地方和寒冷、冰封的地方的动植物各不相同。

南北两极常年冰封。动物拥有厚厚的皮毛和脂肪。

热带雨林终年炎热、潮湿。植物长势旺盛、枝繁叶茂。森林里生活着各种各样的昆虫、鸟类及其他动物。

沙漠降水稀少，因此在这里生长的植物也少。一旦有降雨，各种花朵竞相绽放，大地如铺了彩色地毯一般美丽。

窗台花坛

你家即使没有花园，也能全年种植花草。你可以在窗台上的花坛里种植香草，等它们长大后，捏住叶子闻闻香味。

室内和室外

你将需要准备：一包香草种子以及一个装有肥沃土壤的窗台花盆。

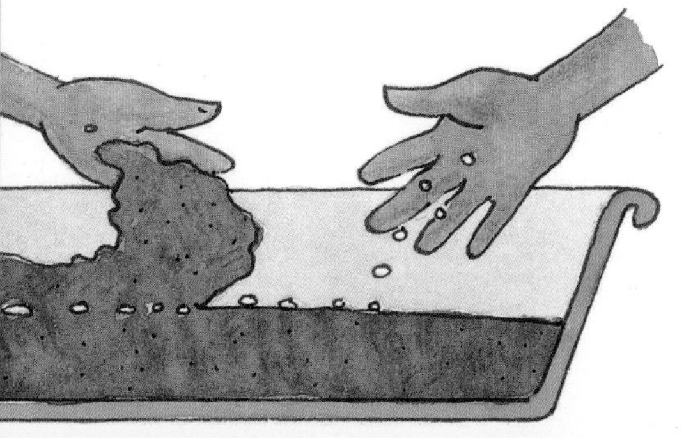

把种子撒在土壤上，注意种子和种子之间留出适当的距离。在种子上面再铺一层土。把花盆放在室内的窗台上，如果是春季或夏季，也可以放在室外。

4 当香草长大后，你可以把叶子剪下来做饭。你可以根据需要适当剪一点儿，叶子还会重新长出来。

香草花园

来自香草花园的各种香草用途很广，例如，给食物调味、冲泡香草茶及治疗疾病等。

迷迭香茶有助于缓解头痛和胃部不适。

细香葱的叶子放在沙拉里，有点儿像洋葱的味道。

欧芹茎的味道比叶的更浓。

把罗勒与其他植物混种，可以赶走害虫。用西红柿做菜时可以加一些罗勒叶子调味。

3 定期给香草浇水。如果你把它们放在室外，要定期检查水分是否充足。

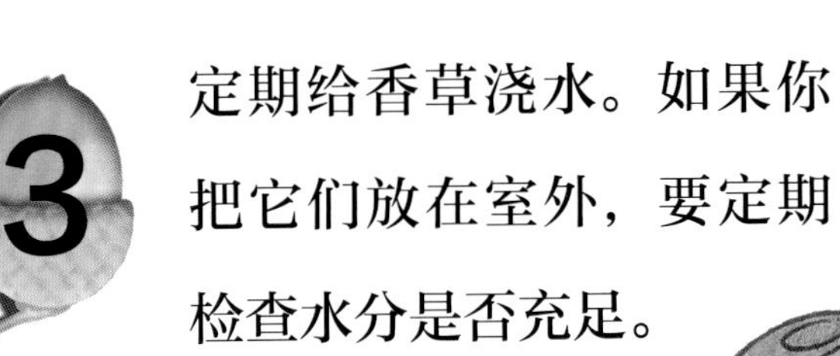

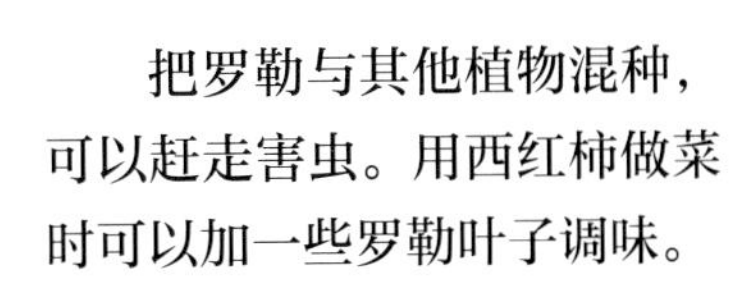

季节的声音

走出家门，仔细聆听。你听到的声音有些是人或机器发出的，而有些则是自然发出的。把你一年中不同时间听到的自然之声都记录下来。

仔细聆听

1 早春，你可以听到雄鸟放声歌唱，以吸引雌鸟。过一段时间，你可以听到幼鸟嗷嗷待哺的叫声。

2 夏季，昆虫在花丛中嗡嗡飞舞，蚂蚱在草丛中歌唱。

大雁

3 秋季，你能听见成群的大雁前往南方过冬时振翅高飞的声音。在树林里，你能听见坚果掉落在松脆树叶上发出的声音。

栗子

蚂蚱的后足与翅膀摩擦会发出沙沙声。

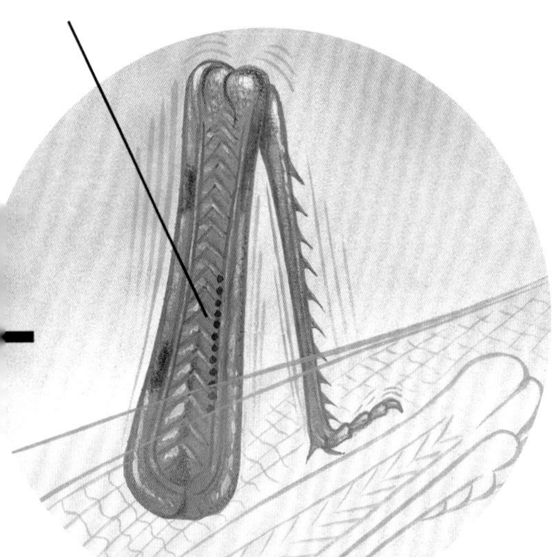

青蛙

春季，雄蛙聚集在池塘里呱呱叫。每一只雄蛙都想吸引一只雌蛙与自己交配。

当青蛙呱呱叫时，下巴处的气囊会充满空气，帮助叫声传播到更远的地方。有一些青蛙是根据它们发出的声音来命名的，例如，在非洲部分地区，人们发现有一种打鼾水坑蛙。

4 冬季，你能听见乌鸦和白嘴鸦刺耳的叫声。它们在树顶筑巢。有时候，你能看到它们在垃圾堆里觅食。

白嘴鸦

向日葵

向日葵是一种用途很广的植物。它的叶子可以做动物饲料，黄色的花瓣可以用来制造染料，种子可以榨油。在春季播下一粒向日葵种子，到了夏季它会长得比你还高！

画画和种植

1 你需要准备：一包向日葵种子、土壤、3 个大花盆及一些颜料。

2 在花盆外侧绘制向日葵的图案。在每个花盆里播撒两三粒种子，定时浇水。

3 幼苗长出来后，把每个花盆中最壮的那一株留下来，其余的都拔掉。

4 你的向日葵会长得很高。你可以用一些树枝搭成架子，支撑向日葵的茎秆。

向着太阳

虽然向日葵看上去像一个明亮的金色太阳，但它们被称为向日葵还有另外一个原因。早晨，它们面向冉冉升起的太阳，当太阳在天空中由东向西运动时，向日葵的花盘也会跟着太阳逐渐改变方向。

5 花瓣凋谢之后，把花盘留给小鸟。小鸟会来吃花盘上结出的种子。

蝴蝶和飞蛾

蝴蝶在白天寻访花朵，飞蛾通常在夜间觅食。它们用长长的吸食管，从花中吮吸甜美的花蜜，就像我们用吸管一样。当蝴蝶或飞蛾赖以生存的花朵绽放时，注意观察这些昆虫。

观察蝴蝶

1 蝴蝶喜欢带有强烈气味的紫色花朵，例如醉鱼草。醉鱼草也被称为蝴蝶灌木。

2 把你看到的蝴蝶画下来，并加上注释。这种做法有助于你回家后在野外指南之类的书中查找它们。

3 望远镜可以帮助你更好地观察蝴蝶。你可以在不打扰它们的情况下进行观察，能够更清楚地看到它们的斑纹，甚至还能看到它们在水坑里吸水。

食蜜动物

大多数蝴蝶只能生活在鲜花盛开的夏季，而且寿命很短。有些食蜜动物为了寻找盛开的鲜花，常年在各地长途奔波，例如蜂鸟。

金银花的气味在夜晚最强烈，以吸引飞蛾。

蝴蝶在不使用吸食管的时候，会把它卷起来放在头下面。

虽然澳大利亚蜜貂个头小，但舌头很长，能够舔食斑克木的花蜜。

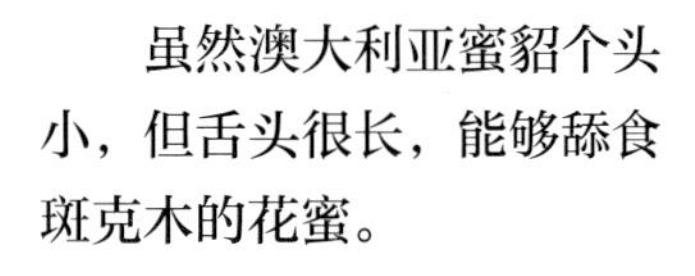

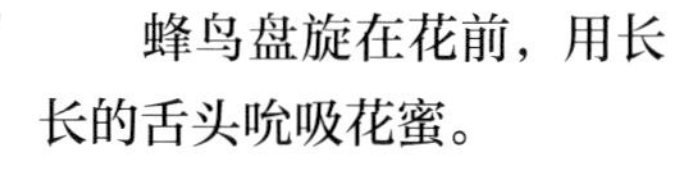

蜂鸟盘旋在花前，用长长的舌头吮吸花蜜。

收藏

绝不要把鸟蛋从鸟巢里拿走

在一年中任何时候出去散步，你都会发现各种有趣的自然事物。为每一个季节，或者你去过的地方（例如公园或海滩），建造一个博物馆。

乌蛤壳

庭园蜗牛壳

栗子

栗子壳

枫叶

建造一座迷你博物馆

找一个大号纸箱，把四边裁掉一部分，变成一个比较浅的箱子。

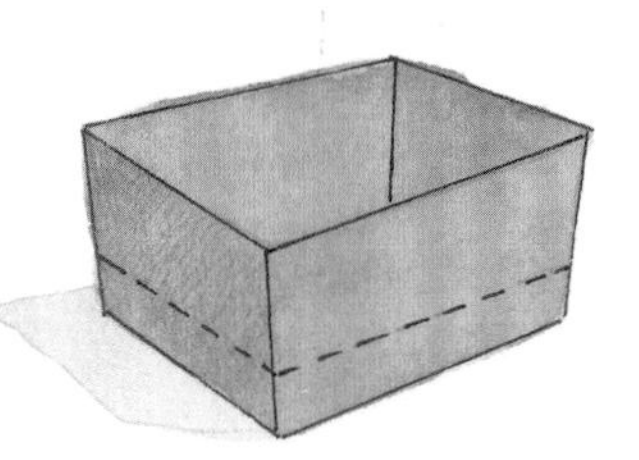

2 在箱子内侧贴上彩纸，当成迷你博物馆的背景。

3 把你收集来的物品分类整理一下，摆放在箱子里，然后，把它们粘在箱子底部，并为每件物品贴上标签。

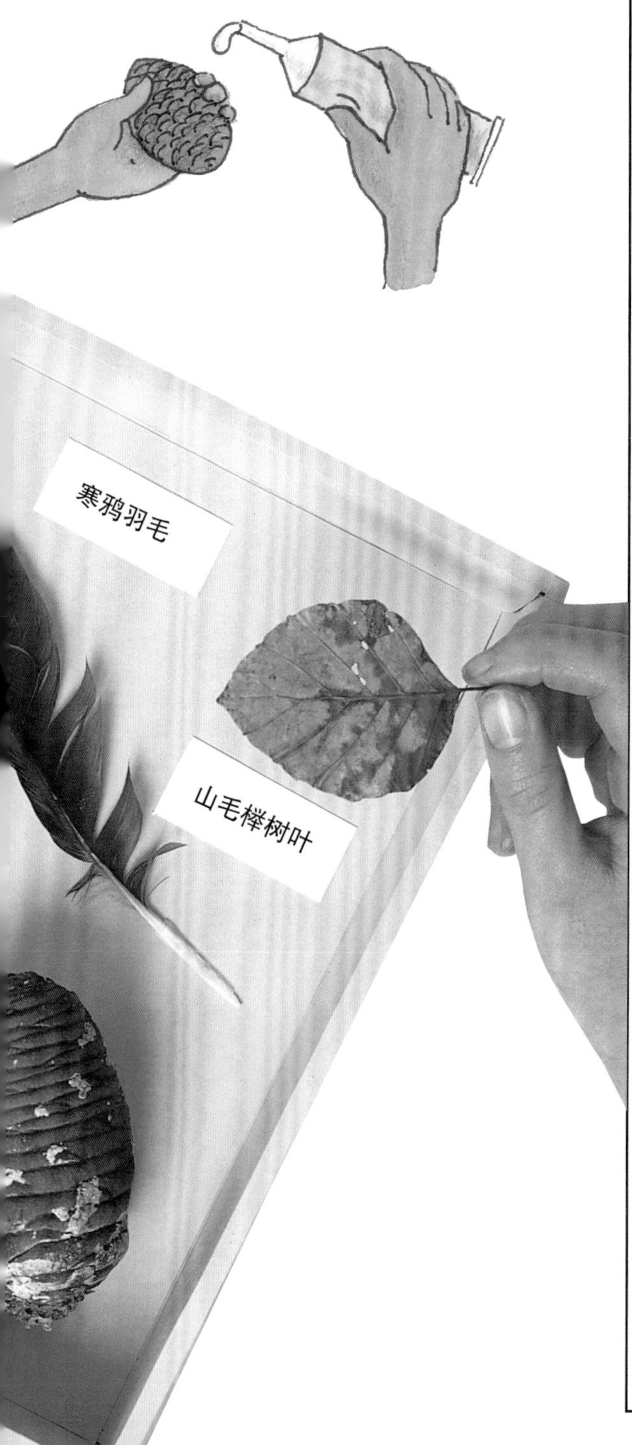

飞羽

鸟类是唯一拥有羽毛的动物。它们的羽毛有几种不同的类型，具有不同的分工。你可以看出不同羽毛分别来自鸟身体的哪一个部位。

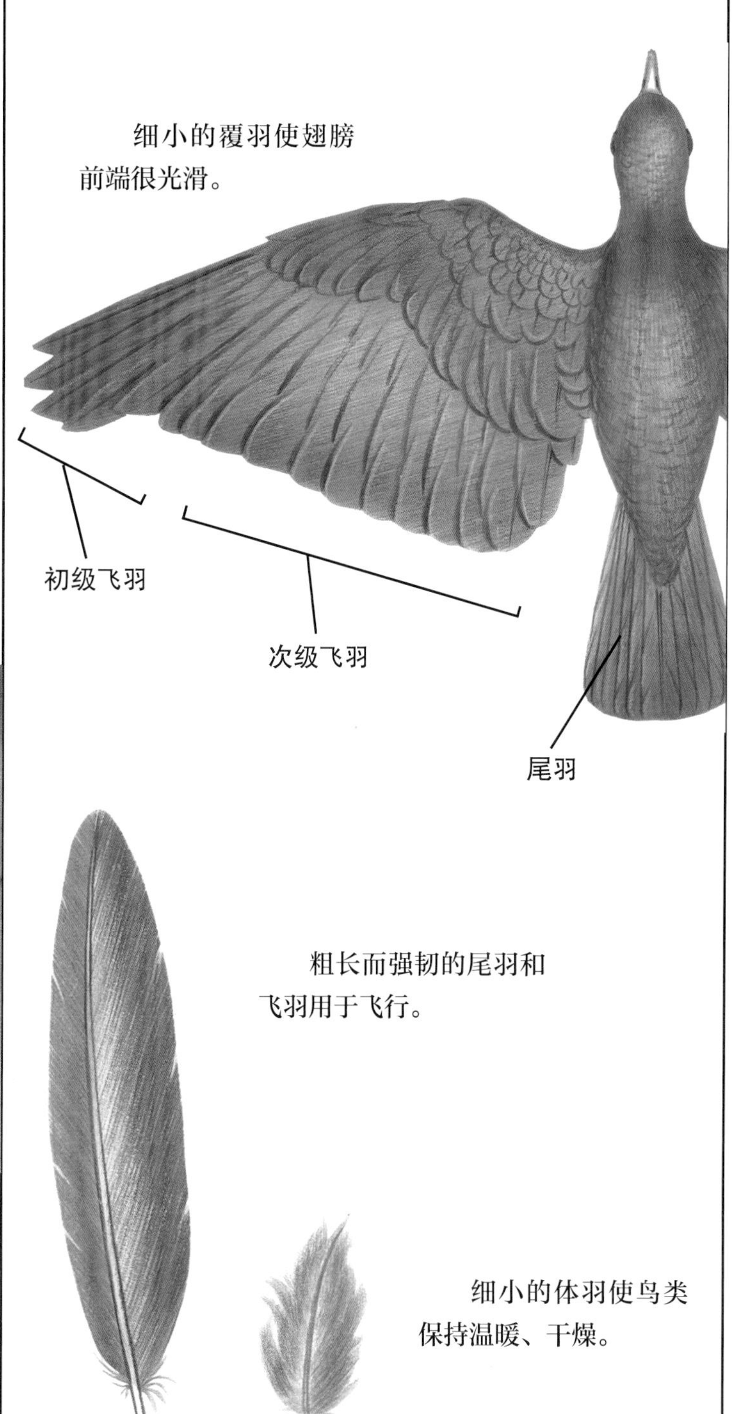

果实

果实是植物体上含有种子、繁育下一代的部分。

花朵凋谢以后，花所在的地方会结出果实。在春季，苹果花凋谢后，原处会结出小苹果。到了秋季，成熟的苹果汁多味美，可以吃。

水果沙拉

用不同的果实制作一份美味的水果沙拉。首先，把每个果实切成两块或四块。

2 如果你看到果实里有种子，把它们挖出来或挑出来。用放大镜仔细观察种子，记住它们分别来自哪一种果实。

请大人帮助你

野生浆果

野生浆果往往鲜艳亮泽。鸟类很容易发现它们，并冲下来吃掉。浆果的种子会随着鸟类排泄的粪便散落在地上，孕育出新的浆果幼苗。

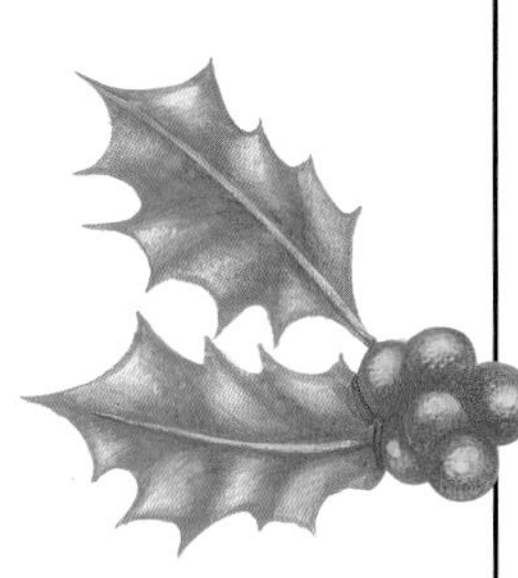

在冬季，食物匮乏时，鲜红的冬青果成为饥饿鸟类的美餐。

槲寄生依附在其他树木的枝干上生长。它的白色浆果对人和动物来说都是有毒的。

初秋，黑莓在多刺的灌木上生长。人、鸟类以及其他动物都喜欢吃这种浆果。

一些浆果是有毒的。先问问大人能不能吃。

3 请一个朋友试试看，他或她能不能把种子与它们的果实一一对应。

变色

树木利用树叶中一种被称为叶绿素的物质制造养分。在夏季，树木把制造的营养储存起来。到了秋季，树木不再需要叶绿素，它逐渐分解消失，于是树叶变成了红色、褐色、金色或橙色。

树叶画

1 尽量多收集一些不同种类的秋叶，按照形状和颜色分类。

2 你需要准备一个相框和一张彩纸。把彩纸裁剪得跟相框一样大小，铺在相框底部。

冬季的树叶

到了冬季，大部分落叶都会腐烂，只有松针和常绿植物的叶子完好无损。

当一片叶子的柔软部分腐烂，剩下较硬的柄和叶脉就是叶子的骨架。

冬青是常绿植物。它们的叶子一年四季都鲜亮、多刺。

松针是非常薄的叶子，能抵御寒冷。它们在冬季也能留在树上。

3 把叶子排列成一个图案或一幅画，然后在上面嵌上一块玻璃。玻璃会把叶子固定住。

觅食

在春季和夏季，鸟和其他动物通常都能找到大量食物。而在其他季节，很多动物不得不长途奔波，才能找到足够的食物，它们的旅程被称为迁徙。

观察候鸟

你可以通过鸟的行为表现或飞行方式，辨认它们是哪一种鸟。燕子在起飞前，往往聚集在电线上。

墨西哥

南美洲

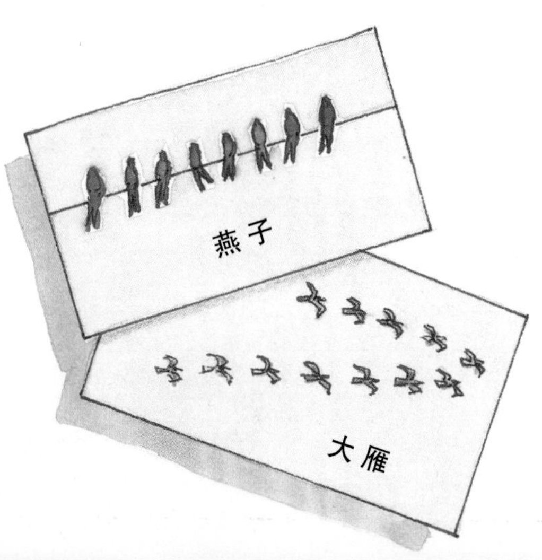

成群的大雁在飞行时排成人字形。秋季，你能看到迁徙的燕子和大雁。用卡片记录你看到的各种候鸟。

迁徙路线

每年，鸟、昆虫及其他动物沿着迁徙路线穿越陆地或海洋，行程可达数千千米。鲸能游过半个地球，驯鹿在北极冰原与北方森林之间来回旅行。把彩色箭头后面的文字与地球上的箭头相互对照，看看下列动物的迁徙路线。

在寒冷的极地海洋与温暖的热带海洋之间，座头鲸沿着海岸线来回游动。

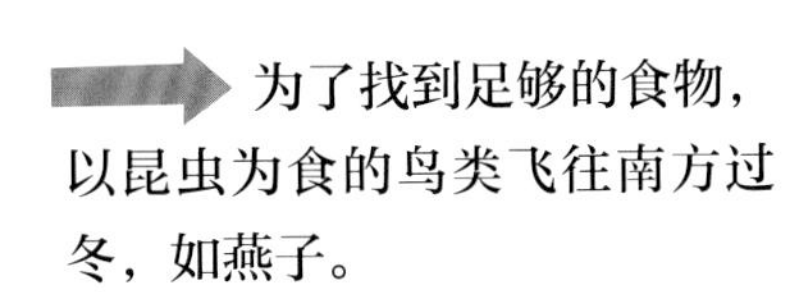

为了找到足够的食物，以昆虫为食的鸟类飞往南方过冬，如燕子。

驯鹿每年都沿着相同的路线迁徙，它们秋季去往南方，第二年春季回到北方。

北极

欧洲

非洲

北极燕鸥体内有指南针一样的东西，可以帮助它们找到从北极到南极之间的往返路线。

黑脉金斑蝶成群结队地从加拿大向南飞到墨西哥过冬。

冬眠

在冬季食物匮乏时，熊、蝙蝠、刺猬和睡鼠等动物会进入一种长时间的睡眠状态，这种现象被称为冬眠。它们躲在安全、干燥的地方睡觉，直到温暖的春季把它们唤醒。

酣睡

在秋季，为动物搭建一个过冬场所。收集干燥的树枝、稻草及树叶等，做一个温暖舒适的小床。

绝不要打扰正在冬眠的动物

2 在室外找一个僻静的地方，用棍子搭一个结实的框架。把泥土、干草和树叶覆盖在架子上，然后，把小床放在里面。

3 拿一个柔软的玩具放在你建好的窝里，测试它是否安全、干燥。不要来打扰这个窝，说不定会有动物在里面冬眠。

冬季和夏季

在冬季，有些动物聚在一起冬眠。在夏季，当水资源匮乏时，有些动物也会进入睡眠状态，这种现象被称为夏眠。

在漫长的冬眠期间，熊妈妈会在窝里醒来，产下幼崽。

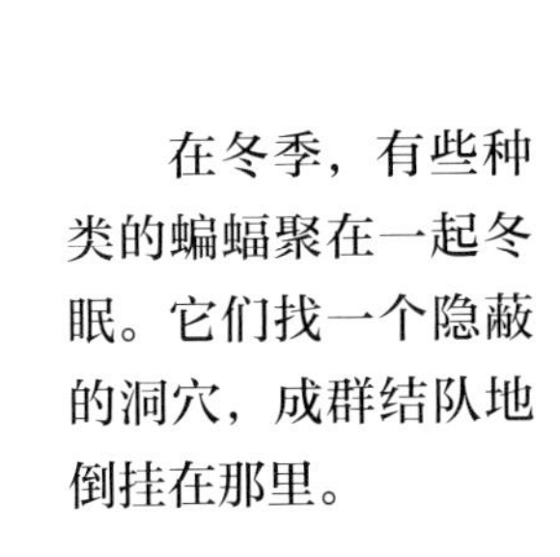

在冬季，有些种类的蝙蝠聚在一起冬眠。它们找一个隐蔽的洞穴，成群结队地倒挂在那里。

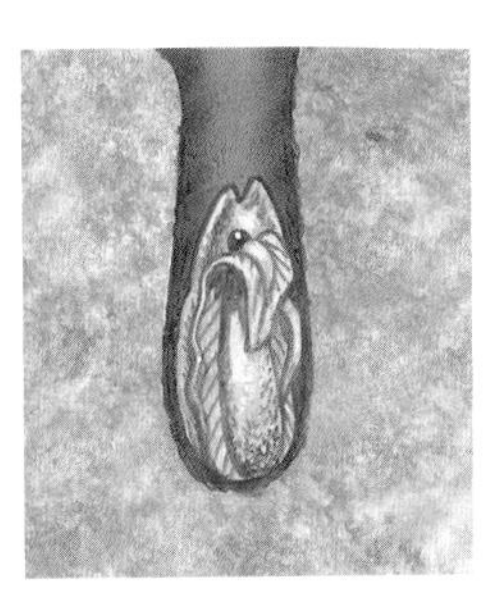

夏季池塘干涸时，肺鱼在泥里睡觉，用肺呼吸。

休眠

在冬季，跟动物蜷缩身体冬眠一样，球茎植物也在土壤里睡觉。等温暖的春季到来，它们便开始生长。观察风信子的球茎是如何在黑暗中休眠、在阳光下生长的。

养一株球茎植物

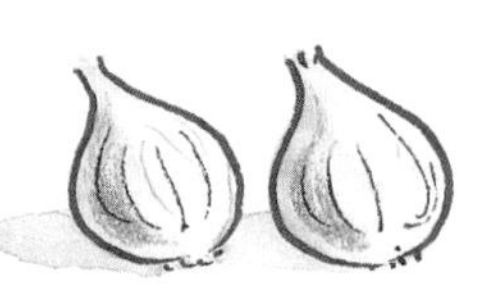

1 这个实验从秋季就要开始。你需要准备：一个风信子球茎、一个罐子和一些牙签。向罐子里倒水，直至快到罐口为止。

2 把四根牙签牢牢地插在球茎周围。把球茎平放在罐口，让它的基部与水接触。

3 把球茎放在黑暗的橱柜里。偶尔检查一下，确保里面有足够的水。

等待生长

卵、种子和块茎（例如马铃薯）在沙子或土壤里静静等待，直到天气适宜才开始生长。它们的这种等待状态被称为休眠。

马铃薯完全成熟后，就会躺在地下休眠，直到春季到来，才开始生出新芽。

有些蚊子在泥里产卵，等到下雨的时候，幼虫才会孵化出来，在水坑中游泳。

花的种子能在沙漠中休眠很长时间，只有在下雨的时候才会生根发芽。

4 在冬季结束之前，把球茎拿到阳光下，它会开始生长。你很快就能欣赏到风信子美丽芬芳的花朵。

你知道吗？

农村

农村远离城市，有田野、森林和山脉，这里是寻找野生动植物的好地方。

翻到 6、7 页，学习如何在城市或农村写自然日记。

收藏

你可以把自己感兴趣的东西收集起来，例如邮票、贝壳或签名等。如果你要搞自然收藏，记得捡拾地面上掉落的东西，千万不要从植物上采摘花朵或叶子。

参照 18、19 页，学习如何利用你收集的自然物品建造一座迷你博物馆。

温度计

温度计是一种用来测量物体冷热程度的仪器。

参照 6、7 页，学习如何在自然日记中使用温度计。

叶绿素

叶绿素是植物中的绿色物质。植物利用叶绿素和阳光制造养分。

翻到 22、23 页，看看叶绿素在秋叶中如何分解消失。

香草

香草是一些茎和叶具有强烈气味和味道的植物。我们可以用香草给食物调味、泡茶以及治疗疾病。

参照 10、11 页，学习如何在窗台花坛里种植香草。

常绿植物

常绿植物一年四季都长着叶子。它们的叶子往往强韧、鲜亮，或者像细针。

翻到 22、23 页，学习更多关于冬季树叶的知识。

迁徙

迁徙是指鸟、昆虫及其他动物为了觅食或繁殖而进行的长途旅行。

翻到24、25页，看看令人称奇的动物迁徙旅程。

冬眠

在冬季食物匮乏的时候，一些动物进入长时间的睡眠状态，以节省能量。

参照26、27页，学习如何为冬眠动物建造越冬场所。

夏眠

在夏季，当水资源匮乏的时候，有些动物进入长时间的睡眠状态，这种现象被称为夏眠。

翻到26、27页，了解更多关于夏眠的知识。

休眠

当生物处于休眠状态时，它们并没有死亡，只是暂时停止生长，等到天气适宜时，又会重新生长。

翻到28、29页，学习块茎、卵和种子的休眠知识。

球茎

球茎是某些植物比较特殊的地下部分。这些植物把养分储存在球茎中，新芽会从球茎里长出来。

翻到28、29页，了解什么是球茎。

秘密花园：自然百科大图鉴

生命周期

[英]萨莉·休伊特◎著
刘　勇　汪隽逸◎译
本册：刘　勇◎译

甘肃科学技术出版社

图书在版编目（CIP）数据

秘密花园：自然百科大图鉴：全 6 册 . 3, 生命周期 /（英）萨莉・休伊特著；刘勇，汪隽逸译 . -- 兰州：甘肃科学技术出版社，2021.6
ISBN 978-7-5424-2780-9

Ⅰ . ①秘… Ⅱ . ①萨… ②刘… ③汪… Ⅲ . ①自然科学 - 青少年读物②生命科学 - 青少年读物 Ⅳ . ① N49
② Q1-49

中国版本图书馆 CIP 数据核字 (2020) 第 262617 号

著作权合同登记号：26-2020-0117 号
Discovering Nature. Life Cycles

An Aladdin Book
Designed and directed by Aladdin Books Ltd
PO Box 53987, London SW15 2SF England

目　录

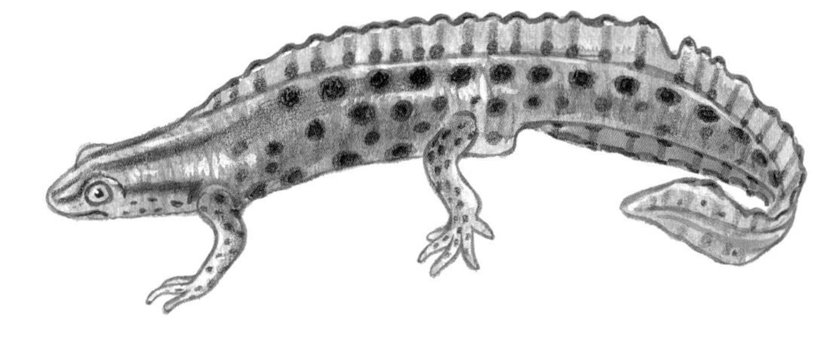

简介

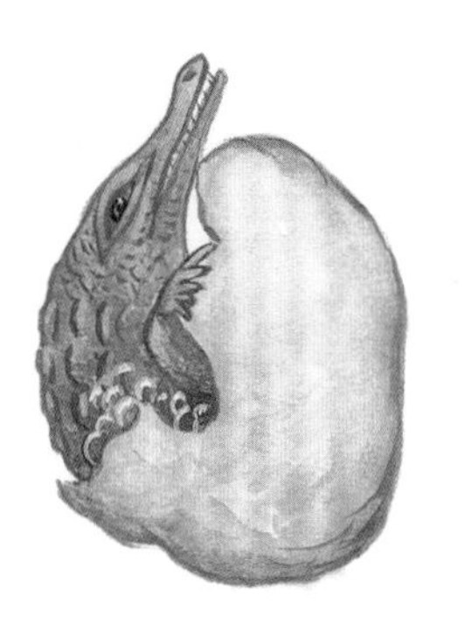

动物和植物都是活的，因此，它们被称为生物。所有生物都会经历一个生命周期。你会从学习生命周期的不同阶段中获得乐趣，例如，记录你成长过程中发生的变化，观察马铃薯芽如何在迷宫中生长。

留意数字 1、2、3 后面的内容，这些文字为你提供指导。按照正确的步骤操作，你就能开展实验和各种活动了。

拓展阅读

当你看到这个“自然观察员”的标志，就能读到更多有趣的知识，帮助你更好地认识生命周期。例如，通过阅读了解不同动物的寿命有多长。

提示和技巧

· 在花园里寻找物品时，注意不要踩到任何植物。

· 观察动物时，尽量不要打扰它们。如果你需要带走它们，在观察任务完成后，务必送回原处。

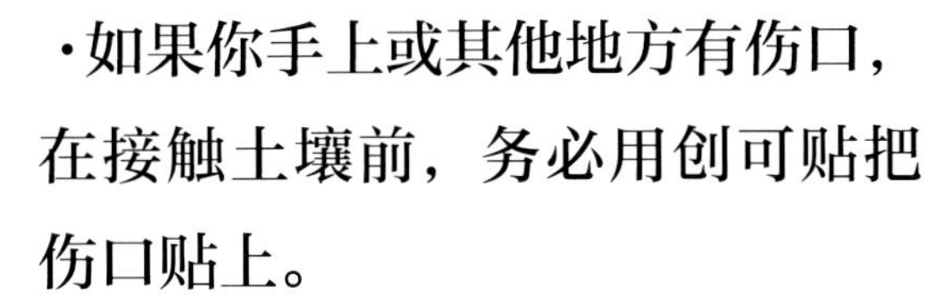

·如果你手上或其他地方有伤口，在接触土壤前，务必用创可贴把伤口贴上。

· 当你接触植物或土壤时，千万不要用手摸脸或揉眼睛。研究完成后把手洗干净。

不要拿尖锐的物品

这个特殊的警告标志表明，你在进行实验活动时需要格外小心。例如，当你寻找搭建鸟巢的材料时，注意不要拿任何尖锐的物品，它们可能会伤害到你或者鸟类。

如果看到这个标志，需要请大人帮助你。不要使用锋利的工具或独自探索。

生命之轮

生命周期是由不同阶段构成的，所有生物在成长和发展过程中都会经历这些阶段。你可以制作一个生命之轮，用来展示一个生命从诞生、成长到创造新生命的过程。

请大人帮助你

生命之轮

1 你需要两张彩色卡片。找一个盘子扣在卡片上，绕着盘子边缘在卡片上画圆，然后把两个纸盘剪下来。

2 在一个纸盘上，用直尺从上到下、从左到右各画一条线，这样就把它平均分成了四个部分。在另一个纸盘上剪出一个窗口，把其余部分装饰一下。

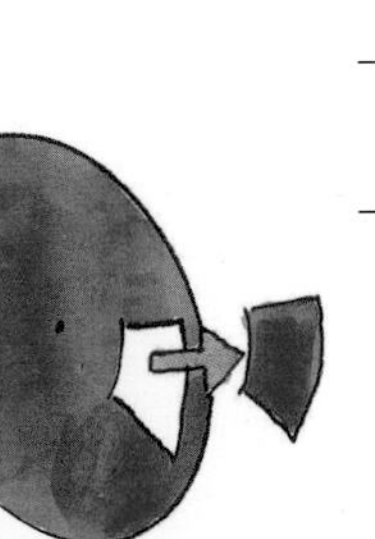

3

在第一个纸盘的四个部分里分别画一幅图，表示生命周期的各个阶段。图中这个生命之轮显示的是三色堇的生命周期。

·一只蜜蜂飞到一株三色堇上。

·蜜蜂把花粉传给另一株三色堇。

·三色堇结出种子后死亡，种子落到地上。

·一株三色堇幼苗破土而出。

4

用一根钉子从两个纸盘中间穿过，把它们穿在一起。按顺时针方向拨动上面的纸盘，观察生命之轮的转动情况。你还可以制作更多生命之轮，用来展示其他生物的生命周期。

花粉和种子

像三色堇这样的花，在蜜蜂把花粉从一株三色堇传到另一株上之后，就会结出新的种子。

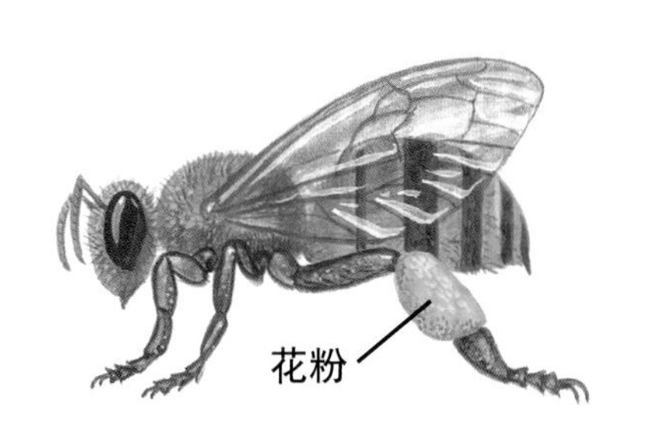

从蜜蜂身上散落的花粉掉落在花的柱头上。然后，花粉从柱头向下移动到花的子房里，在那里孕育成新的种子。

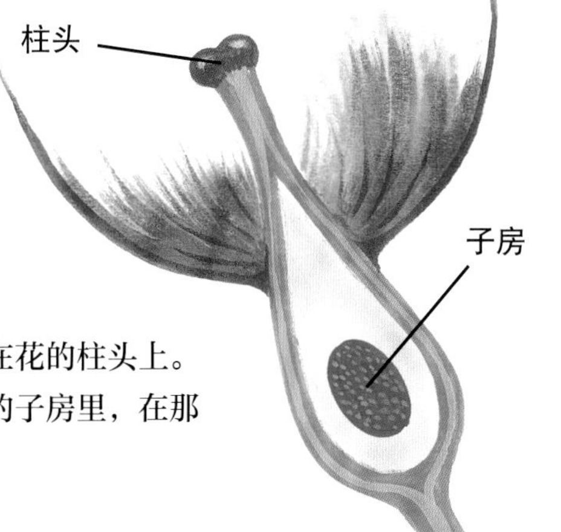

繁殖

为了生命能够延续，生物必须繁殖。这意味着，它们必须繁育出跟自己一样的动物幼崽或植物幼苗。新生命通常从母亲体内的卵子开始。当雄性的种子（精子）加入进来时，卵子就开始孕育新的生命。

接触过生鸡蛋之后一定要洗手

鸡蛋的内部

1 把鸡蛋轻轻磕开，倒在一个白色盘子里。尽量不要把蛋黄弄散。鸡蛋坚硬的外壳保护着脆弱的内部。

蛋黄里的小红点叫作胚胎，它将来能发育成一只小鸡。

卵

许多动物都产卵（蛋），经过一段时间之后，这些卵孵化出新生命。也有一些动物不是卵生，而是在母亲的体内孕育而成。

雌昆虫产下很小的卵，并让卵自行孵化。

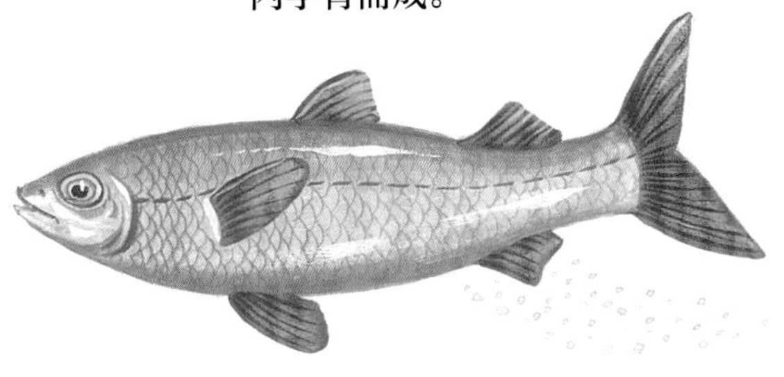

鱼每次产卵的数量都很大，这些卵在水中漂浮，其中很多都被饥饿的水生动物吃掉了。

鸟在巢里下蛋。鸟妈妈和鸟爸爸经常轮流值班，保护蛋的安全并维持蛋的温度。

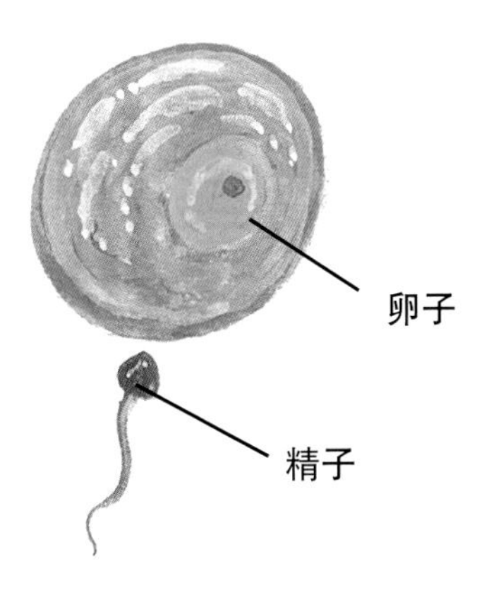

其他很多动物（包括人类）不是卵生的，它们的卵子位于母亲体内，卵子和来自父亲的精子结合后，就开始孕育一个新的生命。新生命在母亲体内发育成熟后，就会诞生。

蛋清像软垫一样包裹在胚胎周围。

蛋黄给胚胎提供营养。

2 看看鸡蛋的内部，里面都是发育中的小鸡所需的营养。现在，你可以把磕开的鸡蛋煮熟吃掉。

成长

一个人从婴儿长成大人需要很多年。你从出生到现在，已经长大了很多，而且发生了很大的变化。有一天你会停止生长发育，但是，你不会停止改变，也不会停止学习。

成长剪贴簿

1 把你婴儿时的照片贴在剪贴簿上，并写下当时的体重。

2 赤脚站在一张白纸上，请一个朋友把你两只脚的轮廓描出来。把两幅图剪下来，贴在剪贴簿上。

3 把你的双手也画下来。坚持每年都这样做，看看你的手和脚增大了多少。

4 写下你现在的体重。是不是比出生时重很多？

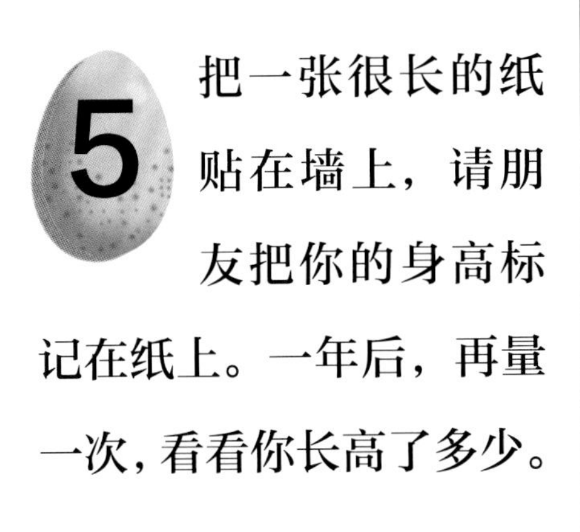

5 把一张很长的纸贴在墙上，请朋友把你的身高标记在纸上。一年后，再量一次，看看你长高了多少。

大和小

所有动物都会从幼崽长到成年。有些动物的生长速度比其他动物快得多。

大象

大象的寿命长达75年。幼象和母亲待在一起的时间长达10年。

老鼠

仅仅过了三周，出生不久的幼鼠就必须离开巢穴自己寻找食物。

鹦鹉

鹦鹉可以活很长时间，有些能活到80岁。

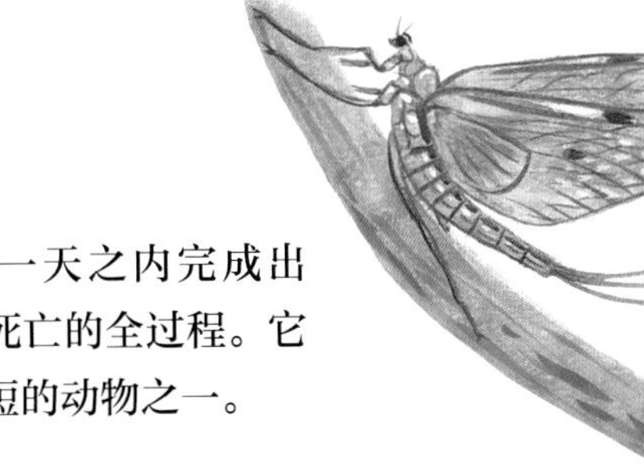

蜉蝣

蜉蝣在一天之内完成出生、成长到死亡的全过程。它们是寿命最短的动物之一。

成长所需的食物

你每天需要摄入四种不同的食物：蛋白质帮助你成长并保持身体健康；脂肪为你防寒保暖；碳水化合物给你提供能量，使你精力充沛；水果和蔬菜富含维生素。

饭盒食物搭配

确保你饭盒里的食物搭配合理。三明治里的奶酪和火腿能给你提供蛋白质、脂肪。面包能给你提供碳水化合物。

2

奶酪、酸奶和黄油都由牛奶制成。它们给你提供蛋白质和脂肪。你每天还应该喝适量的水。

3 水果和蔬菜给你提供维生素、矿物质和膳食纤维。膳食纤维有助于食物在你的体内顺利消化。

4 吃过量的盐和糖对身体有害，因此，饭盒里不要装太多咸食和甜食。

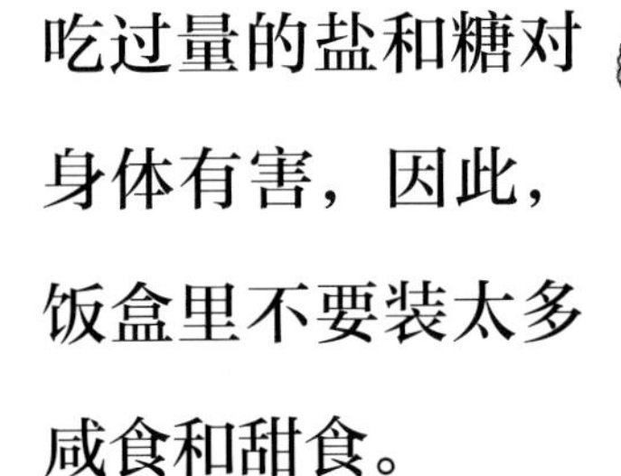

食肉动物和食草动物

动物们吃的食物各不相同。吃肉的动物称为食肉动物，吃草的动物称为食草动物。

老虎是食肉动物，它们猎杀别的动物作为自己的食物。

羊是食草动物，它们吃青草。

瓢虫是食肉动物。它们以一种叫蚜虫的小虫子为食。蚜虫吸食植物的汁液。

长颈鹿是食草动物。它们伸直长长的脖子，能吃到高大树木上的叶子。

植物和种子

大豆是一种种子，被包裹在豆荚里。买一袋大豆，取出一粒埋在土壤里，观察它如何长成一株新的大豆。仔细观察大豆生命周期的不同阶段。

种植大豆

1 你需要准备：几团棉花、一个玻璃罐以及一包大豆。

2 把大豆放在水里浸泡一夜，使它们坚硬的外皮变软。把棉花塞入玻璃罐，然后往里面倒一些水，使棉花变湿，但是不要让它湿透。

3 贴着玻璃罐内壁放一些浸泡过的大豆。把罐子放在窗台上，每天往棉花上稍微洒点水。

4 几天后，大豆开始发芽，坚持每天写观察日记。观察大豆幼苗开始向上生长之前，它们的根是如何先向下生长的。

开花植物的生命周期

旱金莲的生命周期跟其他很多开花植物一样。

春天是土壤里种子开始萌芽的季节。

嫩芽破土而出，迎接阳光。

炎热的夏天，鲜花盛开。花朵会生产一种甜美的汁液——花蜜，是昆虫的食物。

霜冻会让某些植物枯萎，植物的种子会掉落到土壤里，它们在那里休眠，等待第二年春天的到来。

种植植物

植物需要阳光、水、空气和土壤中的养分来为自己制造食物，满足生长所需。没有这些东西，植物就不会强壮、健康，甚至可能死亡。看一看，如果没有阳光、空气或水，植物会怎么样。

幸福的植物

1 你需要准备四株幼苗。给第一株幼苗浇水，把它放在阳光下的通风处。观察它的长势。

2 把第二株幼苗放在第一株旁边，但不给它浇水。它很快就会开始枯萎。

3 给第三株幼苗浇水，并用一个盒子把它罩起来。植物的绿色逐渐褪去，不久就会枯萎。

植物生存的方法

植物想出各种各样的方法，在地球上各个角落生存下来。

沙漠植物的根很长，这些根在地下寻找、吸收水分，然后把水储存在多肉的茎中。

热带雨林的藤蔓植物叶子光泽鲜亮，会爬上高高的树木迎接阳光。

山地植物贴近地面生长，或者在远离寒风的石缝中生长。

4 把凡士林涂在第四株幼苗的一片叶子上，这样，空气就不会接触叶子。这片叶子过几天之后就会枯萎。

不用种子也能繁殖

有些植物不需要种子也能繁育出幼苗。马铃薯是一种块茎，里面含有幼苗生长所需的营养。马铃薯生芽的地方被称为芽眼。

马铃薯迷宫

1 你可以用一个马铃薯培育出一株幼苗。你需要准备：一个带芽眼的马铃薯、一个带盖的鞋盒、卡片、剪刀以及胶带。

请大人帮助你

2 从卡片上剪下三张纸条，当作迷宫的墙。在鞋盒侧面开一个孔。

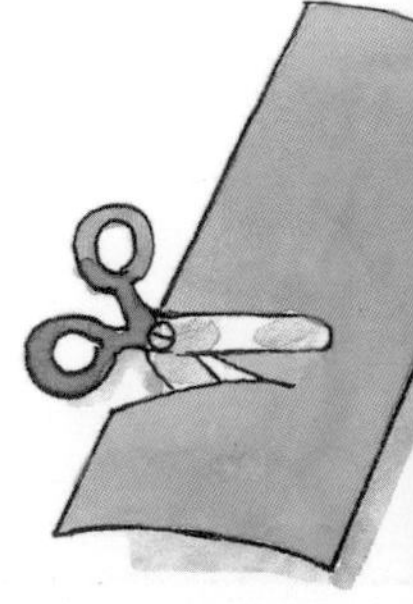

3 把每张纸条的末端折一下，留出一个折角，用胶带把折角与鞋盒内侧粘起来。

4 把马铃薯放在鞋盒里，盖上盖子。几天之后，马铃薯的幼苗就会从芽眼向外生长，它会绕过迷宫，朝有光的方向奔去。

老植物孕育新植物

老植物的一部分可以孕育出新植物。

一瓣大蒜可以孕育出新的蒜苗。

草莓的茎长得很长，被称为纤匐茎。纤匐茎上会生出草莓新芽。

你把一片非洲紫罗兰叶插在土壤中，就能培育出一株幼苗。

你可以从天竺葵上剪下一根枝条，插在水中或土壤中，它会生根发芽。

如果你把胡萝卜头放在水中，它也会生出幼苗。

鸟

所有的鸟都会下蛋。大多数鸟会筑巢，它们把蛋下在巢里，便于保护蛋的安全并保持蛋的温度，直至孵出幼鸟为止。春季，你可以在室外放置一些材料，看看鸟会选择哪一些材料筑巢。

鸟箱

1 请大人帮你制作或购买一个结实的鸟舍。把鸟舍牢牢固定在树上较高的地方，以防猫伤害到小鸟。

2 收集一些材料，例如稻草、棉花、干树叶、干草、羽毛、羊毛、碎纸片或梳子上的头发等。

3 把收集好的材料散放在鸟舍下方的地面上。观察鸟会选择哪些材料。鸟通常都会选择天然的材料建造鸟巢，例如树枝、树叶、泥土和苔藓。

4 观察鸟如何把筑巢材料叼进鸟舍。有些鸟可能会把这些材料叼走，在附近其他地方筑巢。

蓝山雀的生命周期

像所有鸟类一样，蓝山雀的生命也从蛋里开始。

成年蓝山雀使蛋保持一定温度，直到孵化出幼鸟。

蛋孵化出一只嗷嗷待哺的幼鸟，称为雏鸟。

幼鸟开始自己寻找食物，并学习飞翔。此时，它还羽翼未丰。

幼鸟成年后，开始寻找配偶。雌鸟在春天下蛋。

蝾螈和蛇

蝾螈、青蛙和蟾蜍都属于两栖动物。它们在水中产卵。两栖动物幼年时在水里生活，成年后，既可以在水里生活，也可以在陆地上生活。爬行动物（例如蛇）具有鳞片状的皮肤，也会产卵。

蝾螈的生命周期

1 雌蝾螈在水下植物上产数百枚卵，卵被果冻状的物质包围着。

2 蝾螈幼体开始在卵里孕育。它们以果冻状的物质为食，直到孵化出小蝾螈。

3 小蝾螈有鳃，可以像鱼一样在水下呼吸。它们有肺，也可以在陆地上呼吸。它们还会长出腿。

4 成年蝾螈在陆地上生活。只有当它们要保持皮肤湿润或产卵的时候，才会回到水中。

蛇的生命周期

1 蛇是爬行动物。它们把卵产在地上，并让卵自行孵化。

2 新孵化出的蛇被称为幼蛇，它们跟成年蛇很像，只是个头比较小。

3 随着蛇逐渐成长，它们会蜕皮。这意味着，它们可以长出新的皮肤，从旧的皮肤中钻出来，把完整的旧皮肤丢弃。

4 蛇一生都在不断成长，多次蜕皮。成年蛇产卵，新的生命周期从卵开始。

其他爬行动物的卵

鳄鱼在沙子里产卵。当卵孵化出小鳄鱼时，鳄鱼妈妈会用嘴把小鳄鱼叼到水中。

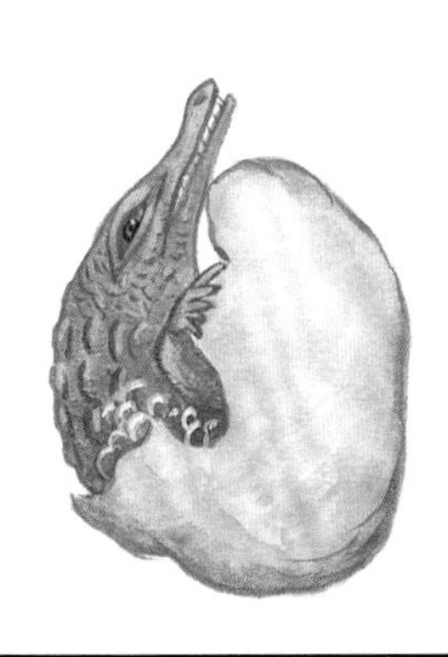

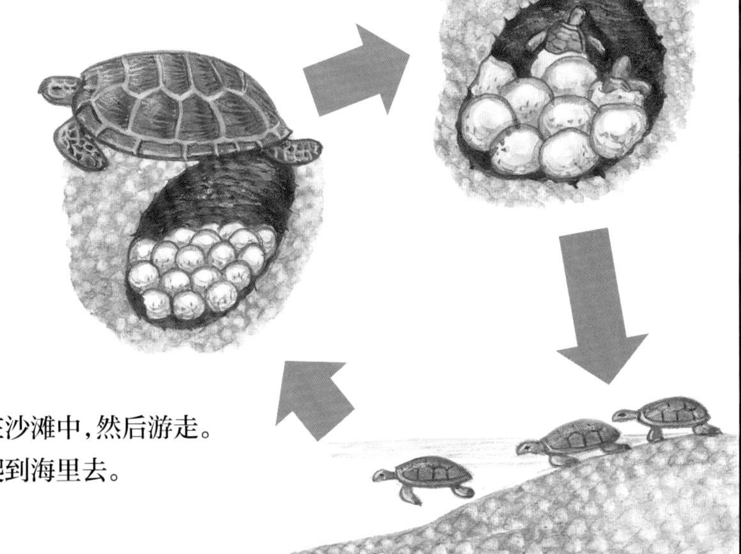

海龟妈妈把产的卵埋在沙滩中，然后游走。小海龟孵出来之后，自己爬到海里去。

蝴蝶

一些生物成年之后会改变形状。蝌蚪变成青蛙，毛毛虫变成蝴蝶。这种形态的变化称为变态。你可以找一条吃叶子的毛毛虫，观察它从毛毛虫变成蝴蝶的变态过程。

蝴蝶的生命周期

1 雄蝴蝶找到一只雌蝴蝶。两只蝴蝶交配后，雌蝴蝶把卵产在树叶上，然后飞走。

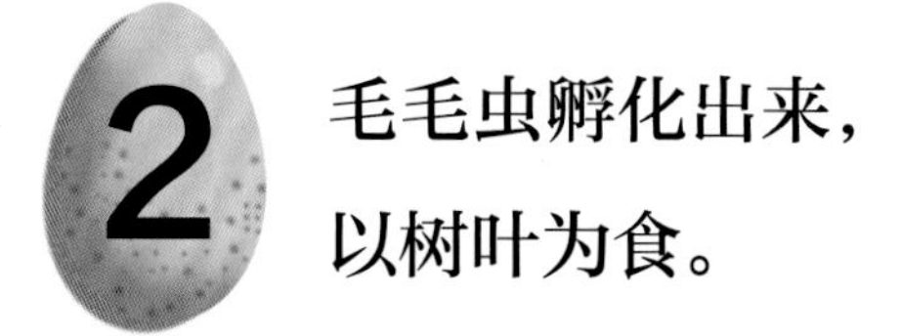

2 毛毛虫孵化出来，以树叶为食。

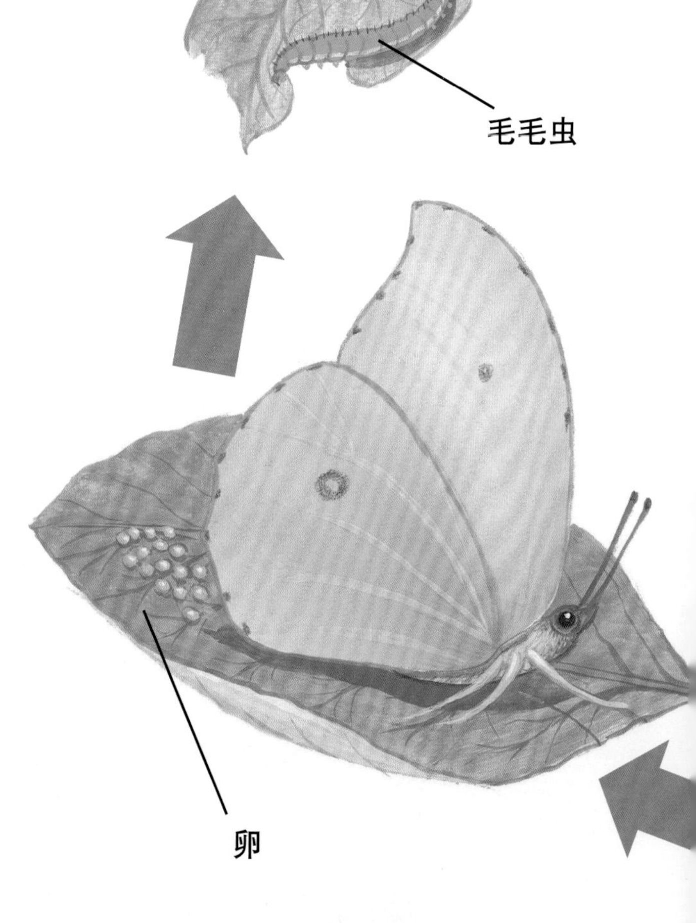

3 每一条毛毛虫都利用一根丝线吊挂在树枝或树叶下，然后变成蛹。在蛹的内部，生命的奇迹正在发生。

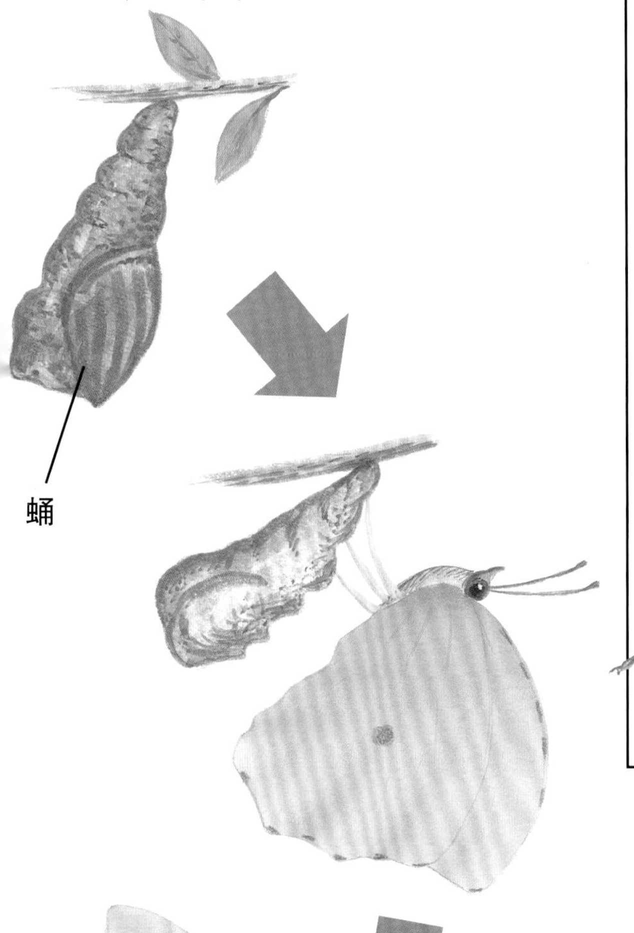

蜻蜓

蜻蜓是另一种会改变形状的昆虫。

雄蜻蜓和雌蜻蜓在空中飞行时完成交配。

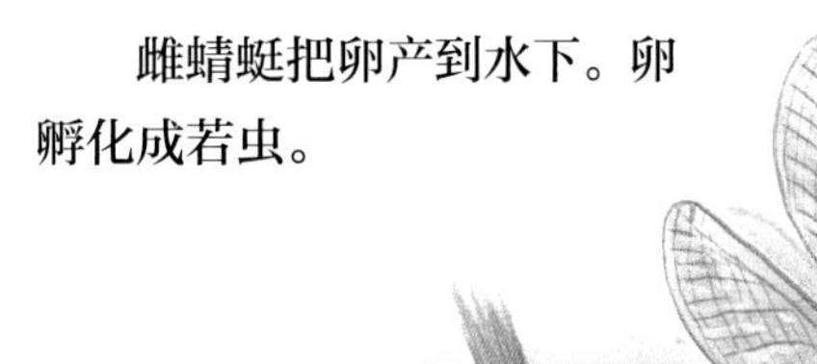

雌蜻蜓把卵产到水下。卵孵化成若虫。

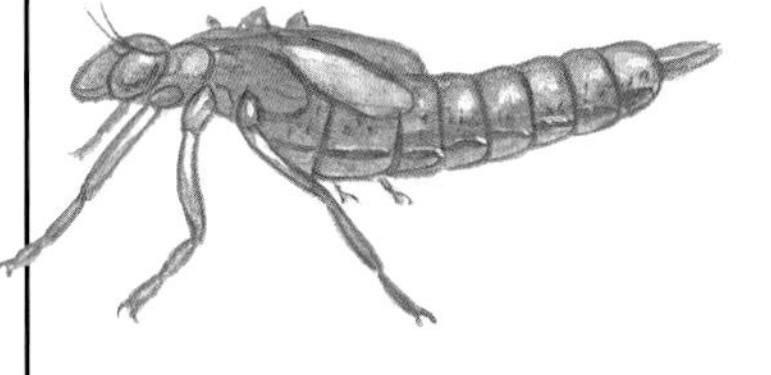

若虫在水下生活一年，然后沿着芦苇爬出水面，蜕皮后变成蜻蜓。

4 毛毛虫变成蝴蝶后，破蛹而出。蝴蝶在阳光下晾干翅膀，然后飞走。

5 蝴蝶的寿命很短。它们有一项重要的工作要做——繁育下一代，开始新的生命周期。

食物网

一切生物都依赖太阳。植物利用太阳的能量为自己生产养分。食草动物以植物为食，食肉动物以食草动物为食。你可以制作一个食物网，看看地球上各种生物是如何联系在一起的。

编织食物网

1 想一想那些彼此住得很近的动物，把它们纳入你编织的食物网里。你可以自己把这些动物画出来，也可以从杂志上把它们的照片剪下来。

2 把空气、水、太阳和一些植物画出来，并剪下来。把所有图片粘到折好的卡片上。

3 为了制作食物网，需要把卡片竖立起来。用毛线把每个动物和它的食物连接起来。你可以用红线代表食肉动物，绿线代表食草动物。

食物链

一只甲虫、一只獾、一只鼩鼱，连起来就可以构成一个食物链。

鼩鼱吃蠕虫和昆虫，包括甲虫。

獾吃鼩鼱之类的小动物。

甲虫把卵产在獾等动物的尸体上。甲虫的幼虫孵化出来之后，以尸体为食。

4 有些卡片可能会有不止一根线。用你的手指沿着每一根线找一找，看看所有植物和动物是如何互相连接的。

物质循环

植物和动物死亡后，会成为土壤的一部分，为土壤增添植物生长所需要的各种养分。你可以观察一堆树叶，看看它们是如何腐烂的。

腐烂的树叶

1 你需要准备：一副结实的手套、一个放大镜、一个笔记本、一支铅笔以及一堆树叶。

接触腐烂的东西之前，务必戴上手套

2 观察树叶堆顶部的树叶。然后，小心翼翼地把树叶堆扒开。观察顶部和底部的树叶有什么不同。

3 用放大镜仔细观察树叶。如果你发现树叶堆里有动物，把它们记录下来。你可能会看到甲虫、蠕虫、木虱或马陆等。

落叶

枯萎的树叶落下后，树叶中的养分不会被浪费。

在凉爽的秋季，树叶褪去绿色，变成褐色。

树叶枯萎后，落到地面。干燥的树叶变成碎屑，潮湿的树叶变得又软又烂。

渐渐地，树叶变成树木周围土壤的一部分。

土壤因含有枯萎的树叶而变得肥沃。种子从树上落下来，在这片肥沃的土壤里茁壮成长。

你知道吗？

花粉

花粉是花朵里面的黄色粉末。昆虫能把花粉从一株植物传到另一株上。

翻到6、7页，看看植物的花如何利用花粉结出种子。

繁殖

为了生命能够延续，所有生物都必须繁育出动物幼崽或植物幼苗，这一过程称为繁殖。植物利用种子或其他部分繁育幼苗，动物通过雄性精子与雌性卵子的结合繁育幼崽。

翻到8、9页，看看动物是如何繁殖的。

卵

卵是新生命开始的地方。人和其他一些动物把卵留在体内。鸟和鱼把卵产出来。鸟的卵中包含了幼鸟在孵化出来前需要的营养。

翻到8、9页，了解一下鸡蛋里有什么物质。

蛋白质

食物中的蛋白质帮助我们成长并保持身体健康。肉、奶酪和鸡蛋等食物中含有蛋白质。

翻到12、13页，了解一下关于蛋白质的内容。

碳水化合物

食物中的碳水化合物给我们提供能量，使我们精力充沛。面包或面条等食物中含有碳水化合物。

根据12、13页，看看你的饭盒里有哪些食物含有碳水化合物。

食草动物

食草动物是吃植物或植物某些组成部分（例如坚果或浆果）的动物。食草动物通常会被食肉动物吃掉。

翻到13页，了解一下食草动物和食肉动物的知识。

大豆

大豆是种子。它可以生根发芽，长成一株幼苗。

参考14、15页，学习如何种植大豆。

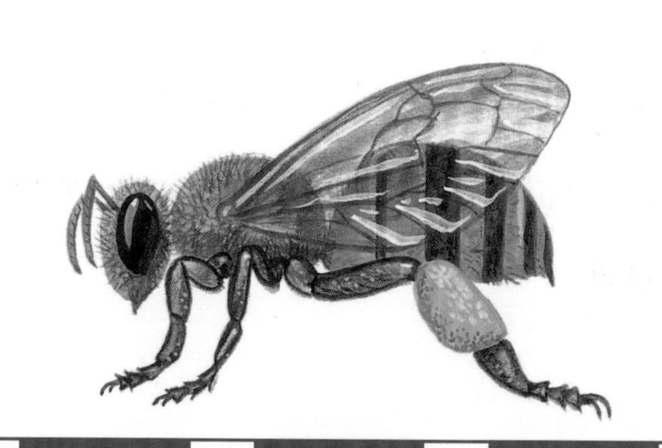

种植植物

植物的种子、球茎或其他部位能生成新生命。一株幼苗需要阳光、空气、水和肥沃的土壤，才能茁壮成长。

翻到 16、17 页，看看如果没有这些物质，植物会怎么样。

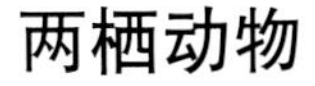

两栖动物

两栖动物都像蝾螈一样把卵产在水下。两栖动物幼年时在水里生活，成年后，既可以在水里生活，也可以在陆地上生活。

翻到 22 页，了解蝾螈的生命周期。

爬行动物

爬行动物是能够产卵、具有鳞片状防水皮肤的动物。有些爬行动物在陆地上生活，例如蛇。有些爬行动物主要在水里生活，例如鳄鱼。

翻到 23 页，了解一下蛇、鳄鱼和海龟的生命周期。

变态

变态是指动物在成长过程中形态发生变化。例如，毛毛虫变成蝴蝶。

翻到 24、25 页，了解一下蝴蝶的变态过程。

食肉动物

食肉动物是吃肉的动物。它们猎杀别的动物作为自己的食物。

根据 26、27 页的实验项目，绘制出食肉动物与其食物之间的关系图。

秘密花园：自然百科大图鉴

森林和草原

［英］萨莉·休伊特◎著
刘　勇　汪隽逸◎译
本册：刘　勇◎译

甘肃科学技术出版社

图书在版编目（CIP）数据

秘密花园：自然百科大图鉴：全6册.5，森林和草原/(英)萨莉·休伊特著；刘勇，汪隽逸译.-- 兰州：甘肃科学技术出版社，2021.6

ISBN 978-7-5424-2780-9

Ⅰ.①秘… Ⅱ.①萨… ②刘… ③汪… Ⅲ.①自然科学-青少年读物②森林-青少年读物③草原-青少年读物 Ⅳ.① N49 ② S7-49 ③ S812-49

中国版本图书馆 CIP 数据核字 (2020) 第 262632 号

著作权合同登记号：26-2020-0117 号

Discovering Nature. Woods and Meadows

An Aladdin Book

Designed and directed by Aladdin Books Ltd

PO Box 53987, London SW15 2SF England

目 录

简介

你可以去森林和草原看看，那里有各种各样的野生动物。你可以玩一个关于动物家园的游戏；学习如何画草原上的花；仔细观察微小的昆虫；栽种一棵树；画一只伪装鸟，并剪下来。

留意数字 1、2、3 后面的内容，这些文字为你提供指导。按照正确的步骤操作，你就能开展实验和各种活动了。

拓展阅读

当你看到这个“自然观察员”的标志，就能读到更多有趣的知识，例如，不同的动物分别生活在哪里，帮助你更好地了解森林和草原。

提示和技巧

·观察动物时，尽量不要打扰它们。如果你需要带走它们，在观察任务完成后，务必送回原处。

·如果你手上或其他地方有伤口，在接触土壤前，务必用创可贴把伤口贴上。

·当你接触植物或土壤时，千万不要用手摸脸或揉眼睛。研究完成后把手洗干净。

·不要触摸真菌，也不要摘花。

当心别被昆虫蜇到

这个特殊的警告标志表明，你在进行实验活动时需要格外小心。例如，当你用捕虫网捕捉昆虫时，小心蜜蜂或黄蜂，不要离它们太近，以防被蜇到。

如果看到这个标志，需要请大人帮助你。不要使用锋利的工具或独自探索。

树上的生命

树木是地球上最大的植物，它们的寿命很长。在树木的不同部分，住着各种各样的植物和动物。在你家附近找一棵树，看看都有哪些动物在树上安家。

摇晃树枝

1 你需要一个放大镜和一大块纸板。把纸板放在一根低矮的树枝下。

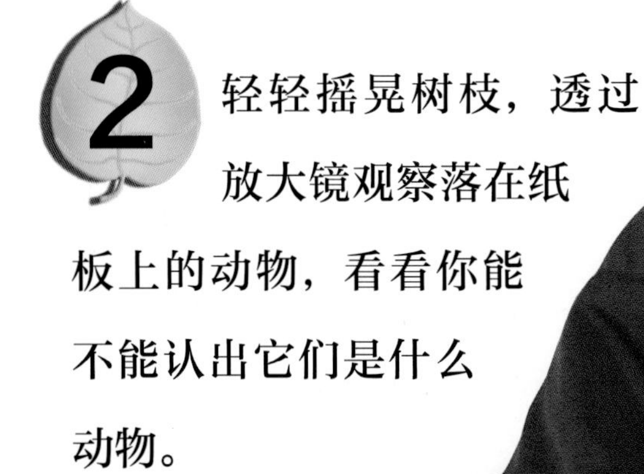

2 轻轻摇晃树枝，透过放大镜观察落在纸板上的动物，看看你能不能认出它们是什么动物。

树上的动物

小动物们在树的各个部位都能找到食物。有时候，昆虫太多，能把一棵树杀死。

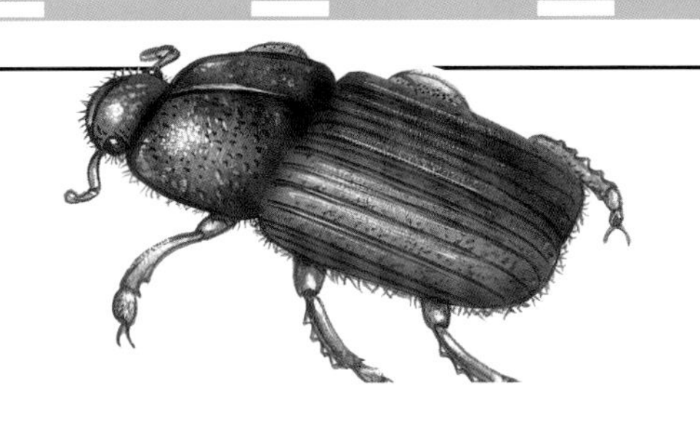

成年树皮甲虫以蓓蕾和新叶为食。它们的幼虫个头很小，生活在树干中，以蛀食木头为生。

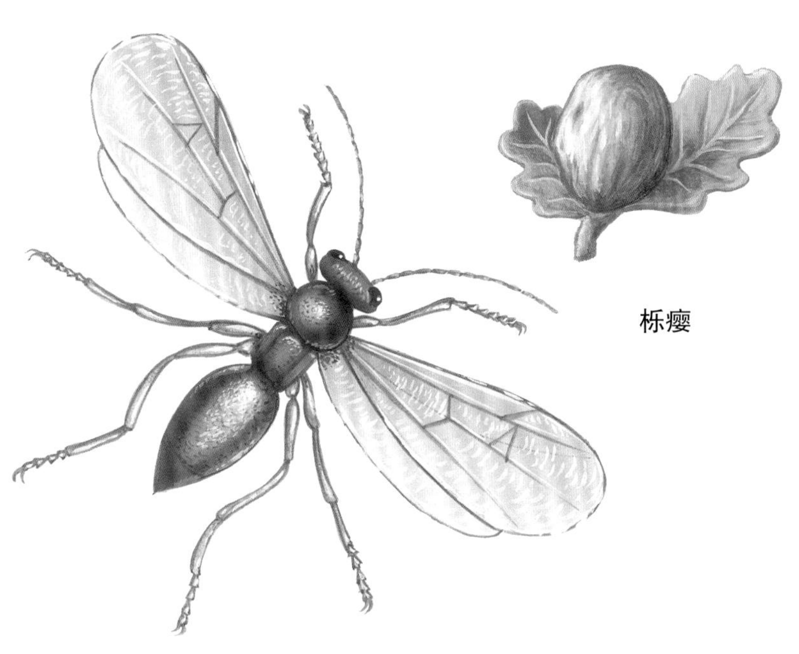

瘿蜂幼虫居住在栎瘿里面，等到成年后，才从栎瘿中爬出来。

坚果象甲在坚果（例如橡子）上钻一个小孔，把卵产在里面。幼虫把坚果当做食物。

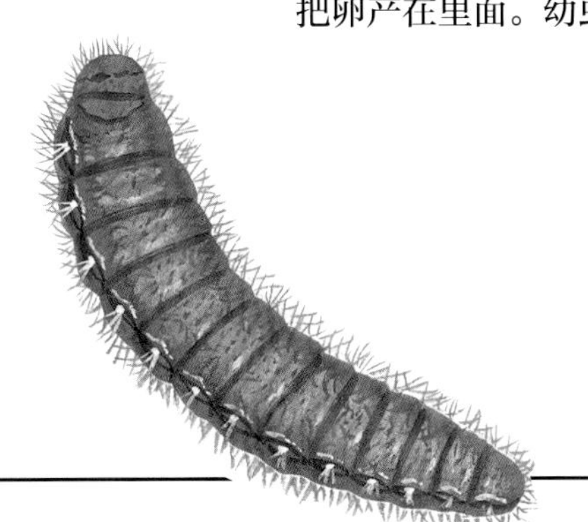

毛毛虫与树叶、嫩枝的颜色相同，很难被发现。树叶上的洞告诉你，它们在哪里进食。

孔

橡子

现在，仔细观察树冠中间、树皮里面以及树根周围，你还能看到什么动物？

把动物放回你发现它们的地方

多样的森林

树木集中在一起生长，形成不同种类的森林。你可以通过树叶的形状判断森林里的树木属于哪一类。落叶树的叶子宽大、平坦。常绿树的叶子强韧、鲜亮。

整理并拓印树叶

尽量多看看不同种类的树木，收集森林地面上的树叶。

把树叶按照不同的形状分类。参考相关书籍，看看这些树叶分别来自哪种树木，是来自落叶树，还是来自常绿树？

3

叶子粗糙的一面朝上，然后拿一张纸覆盖在叶子上，用蜡笔在纸上均匀涂擦，这样就可以把树叶拓印出来。

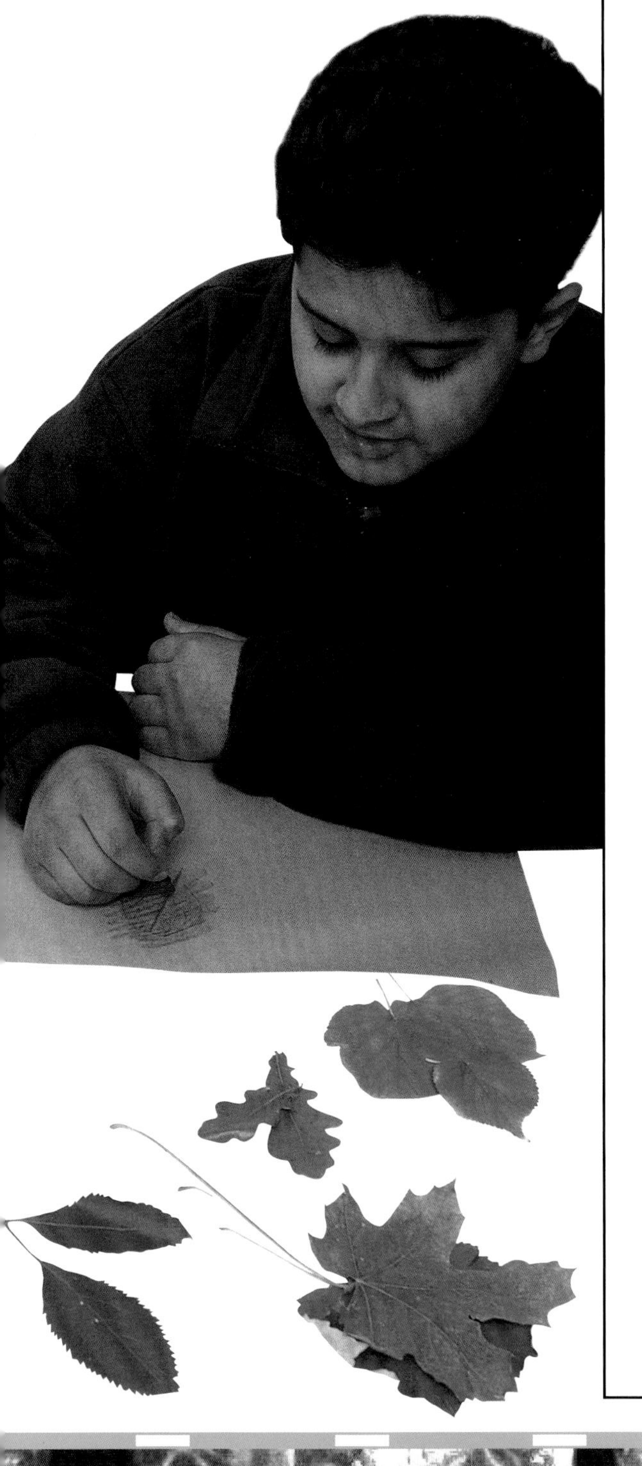

落叶树和常绿树

落叶树的叶子在冬季会变颜色，然后从树上落下来。常绿树一年四季都有叶子。针叶树属于常绿树，例如松树。它们的叶子又细又长，称为针叶。

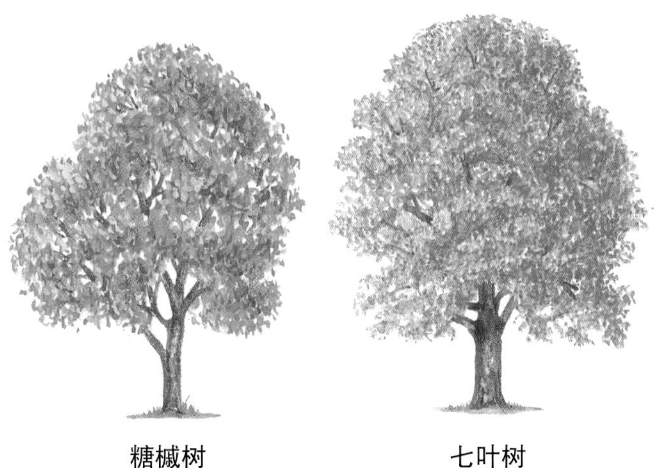

糖槭树　　七叶树

糖槭树和七叶树都属于落叶树。

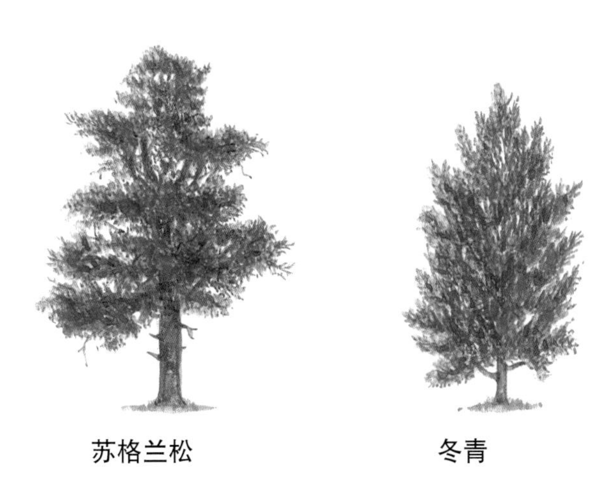

苏格兰松　　冬青

苏格兰松和冬青都属于常绿树。常绿树长出新叶后，一部分旧叶会凋落。

森林的地面

早春，在落叶树的叶子长出来之前，因为没有树叶遮挡，地面洒满阳光。

常绿树林的地面一般比较昏暗，这是因为树叶遮住了阳光。观察一下，你在森林的地面能发现什么？

把树圈起来

1 想看看一棵树下面有什么，你可以把它圈起来。你需要准备：一根粗绳、几根树枝、一个笔记本以及一支铅笔。

2 把树枝牢牢地插在树周围的地上，用绳子绕着树枝围一个圆圈。

3

仔细观察圆圈里的地面。把你看到的东西画下来或记在笔记本上，并在旁边加上注释。

苔藓、地衣和蕨类

苔藓、地衣和蕨类都是没有花的植物，这些植物覆盖的地面很滑，要当心。

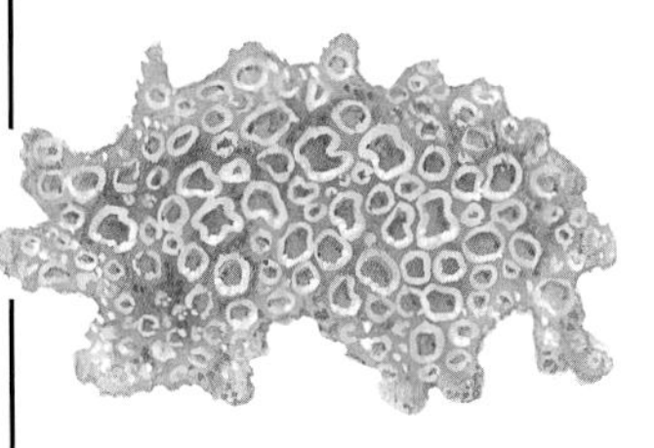

地衣生长在石头、树木和土壤上。它们的生长速度很慢，能活很长时间。

苔藓散布在潮湿的地面和木头上。

蕨类植物可以在多种土壤中生长。它们卷曲的茎逐渐向外伸展，长出绿色的叶子。

不要触摸粪便或真菌

4

回家后，你可以找一张卡片，画一个圆圈代表绳子，把看到的东西画在圆圈里。

森林中的动物

森林中的动物（不包括鸟、昆虫、鱼以及爬行动物）通常很害羞。森林里有很多地方可以藏身，所以你很难看到它们的身影。然而，只要你仔细聆听并认真寻找各种痕迹，就会发现它们离你并不远。

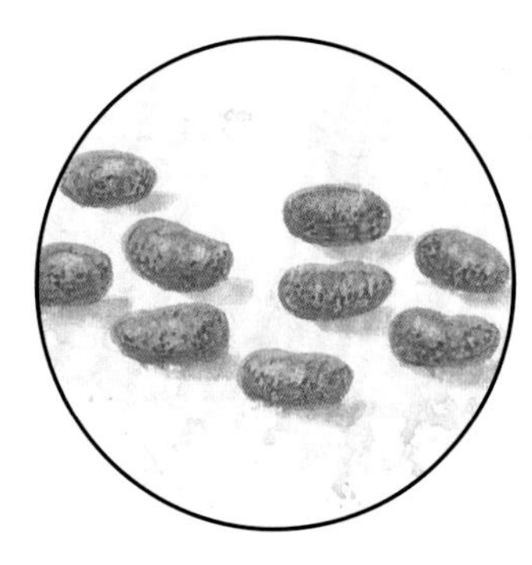

鹿粪

寻找痕迹

1 留意鹿的粪便和脚印。一棵树的低矮处如果没有叶子，说明可能是被鹿吃掉了。你也许会发现，有些小树的树皮被鹿啃掉了一圈，这种情况下，小树可能会死掉。

低矮处的树叶被鹿吃掉后，树冠下方是平的。

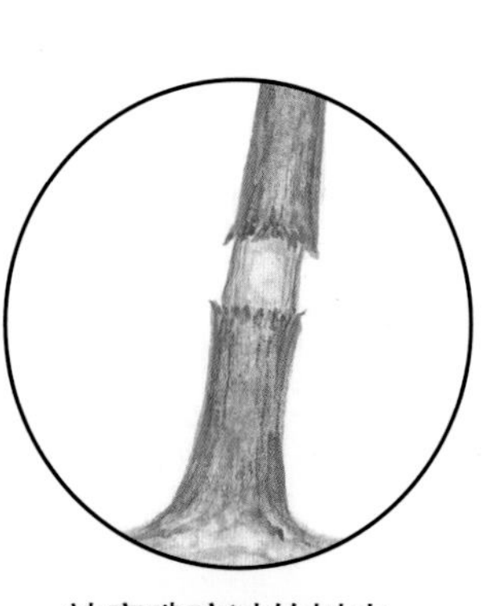

被鹿啃咬过的树皮

2 獾在夜间出来寻找食物，它们住的洞穴被称为獾穴。试试你能不能找到一些被獾拖去洞穴做被褥的植物，看看铁丝网上有没有扯下来的獾的皮毛。

不要触摸带刺的铁丝网

松鼠窝

松鼠吃剩的垃圾

3 松鼠沿着树枝和树干上上下下来回乱窜。它们在高高的树上做窝。在树下找找看，有没有松鼠丢下的坚果或松果。

猎物

狐狸和狼捕捉森林中以植物为食的动物。

赤狐的耳朵很尖，目光锐利，方便它们寻找猎物。

野猪是一种野生的猪，它用坚韧的长鼻子在地里乱拱，寻找食物。

林鼠的牙齿非常尖利，能咬碎种子和坚果。但是，它在觅食时必须提防饥饿的狐狸。

森林中的鸟

森林是寻找鸟类的好地方。走路一定要轻手轻脚，因为一有风吹草动，就会把它们吓跑。春季，鸟在树枝上或空树干里筑巢。夏季和秋季，它们寻找昆虫、种子、坚果和浆果作为食物。冬季，它们在树上寻找越冬的场所。

杜鹃

冬季，杜鹃飞往温暖的南方寻觅食物。春季，它们飞回北方繁育下一代。

杜鹃妈妈自己不做窝，而是寻找别的鸟做的窝。它把别的鸟蛋扔掉一个，自己在那里下一个蛋，然后飞走。

身影和声音

有时候，你很难看到躲在浓密树叶后面的鸟，尤其是在比较昏暗的常绿树林里。你可以留意它们飞过的身影，或者注意听它们发出的声音。

林鸽会发出柔和的咕咕声，它在树上蹦跳或飞行，在地面上寻找食物。

松鸦是一种彩色的乌鸦，叫声刺耳，会吃掉较小的鸟窝里的蛋。

当你听到啄木鸟啄树干的声音，它一定是在寻找树里的昆虫，或者是想钻一个树洞做窝。

交嘴雀生活在针叶林中，它用交叉的喙把种子从松果中叼出来。

3 杜鹃雏鸟孵化并迅速成长，把别的鸟蛋和雏鸟推出巢外。

4 别的鸟妈妈依然还被蒙在鼓里，把它当成自己的孩子精心抚养。

种树

秋季，你可以在森林的地面上寻找橡子、七叶树果和槭树翼果。它们都是种子，会在春季长成树苗。你可以收集一些种子，亲眼目睹它们长成大树。

见证树木成长

1 春季，把你收集的种子埋到土壤里，深度大约2厘米。树木会长得很高，因此，每粒种子周围要留有足够的空间，以便树木生根、散枝。

2 为种子制作相应的标签，把它们插入种子旁边的土壤里。橡子会长成橡树，七叶树果会长成七叶树。

苏格兰松

七叶树

栗树

3 树木生长速度缓慢，因此，你要有耐心。有些种子可能根本发不了芽。制作一张图表，记录种子发芽、出苗的情况。

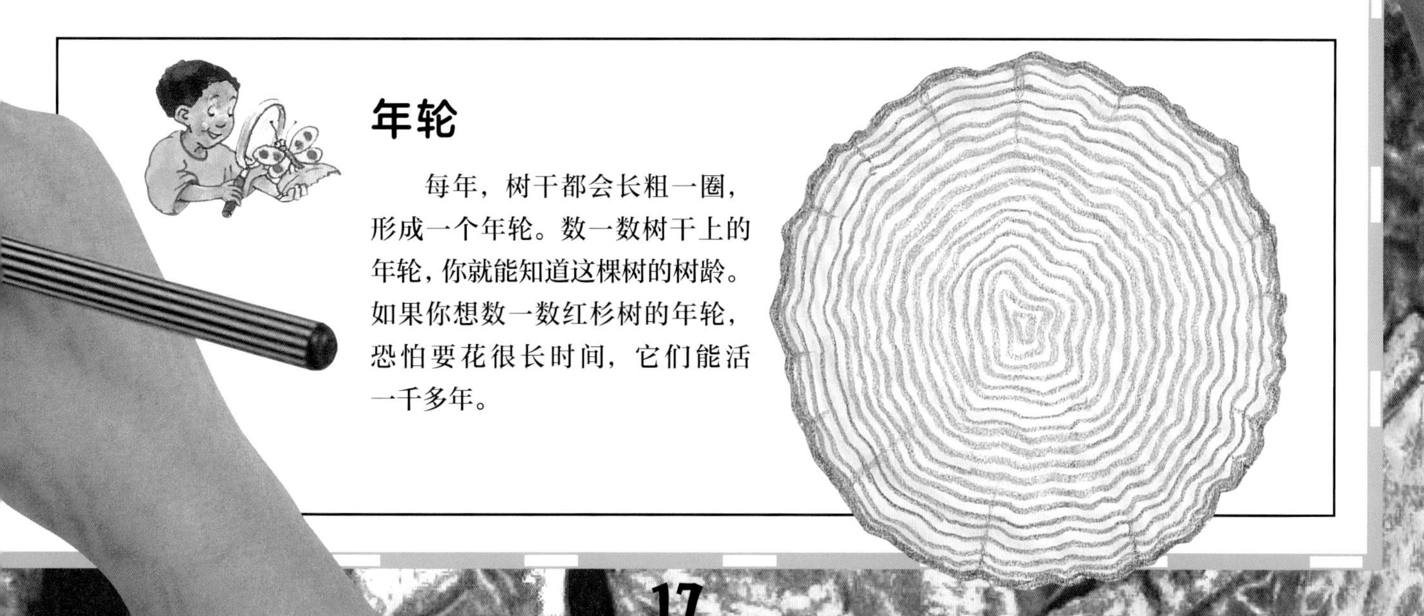

年轮

每年，树干都会长粗一圈，形成一个年轮。数一数树干上的年轮，你就能知道这棵树的树龄。如果你想数一数红杉树的年轮，恐怕要花很长时间，它们能活一千多年。

草原

青青的野草如果没有被割掉，就会逐渐长高并扩张成野花遍布的草原。割下的青草被夏日的阳光晒干后，会变成金色的干草。你可以亲眼看看，野草被割掉后是如何重新长出来的。

青草再生

1 你需要准备：两个装有土壤的种子托盘、一包青草种子、一包水芹种子以及一把剪刀。

2 把青草种子均匀地播撒在一个托盘的土壤里，把水芹种子播撒在另一个托盘的土壤里。把两个托盘放在阳光充足的地方，定时给土壤浇水，并观察种子的生长状况。

3 当青草和水芹生长到大约3厘米的时候，把它们剪掉一半。过几天，只有青草会恢复原来的样子，而水芹不能恢复生长，只能重新播种。

你可以用剪下的水芹制作三明治。

收获

马、牛和羊经常在草原上吃草。农民有时会收割草原上的青草，用来喂养牲畜。

带有特殊割草机的拖拉机割掉青草。

打捆机把草卷起来打成捆。草被放在阳光下晒干。晒干的草称为干草。干草被储存在干燥的仓库里。

冬季，农民用储存的干草喂养牲畜。

草

草的种类有一万多种，你在当地公园或花园里看到的草只是其中一部分。马、牛和羊等食草动物都吃草。但是，你知道你也吃草吗？

我们吃的草

1 我们吃的小麦、水稻、玉米以及燕麦等，都是农民种出来的。把四幅图分别临摹到四张卡片上，并给它们贴上标签。

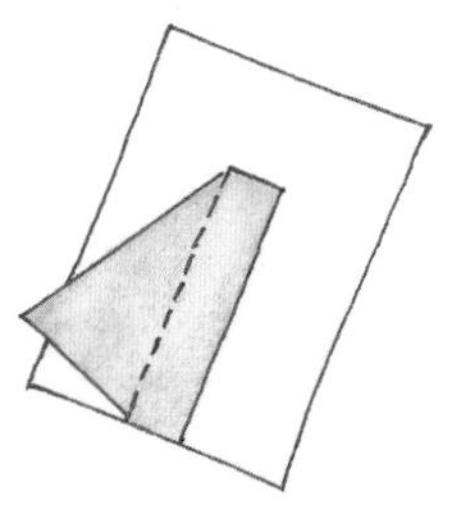

2 在一块大纸板上，把干燥的大米粒、玉米粒、小麦粒和燕麦粒分成四堆。

3

请一位朋友过来，看他或她能不能把四堆种子与相应的农作物配对。

答案：

A= 大米粒

B= 小麦粒

C= 燕麦粒

D= 玉米粒

从田地到食物

在世界各地，农民种植不同种类的草作为我们的食物，这些草被称为谷类作物。谷类作物成熟后的种子被称为粮食（谷物），是我们重要的食物来源之一。

小麦生长在面积广阔的田野里。它们的种子磨成的面粉，用来制作面包和面条。

水稻生长在稻田的水里。它们的种子被加工成大米或磨成米粉，可以用来做米饭或煮粥。

玉米给我们提供玉米粒，玉米粒非常适合烹饪和食用，还可以磨成玉米粉。

燕麦片来自燕麦。我们用它来制作粥和饼干。

草原上的花

夏季，你可以看到郁郁葱葱的草原上点缀着五颜六色的鲜花。它们有红色、蓝色、紫色以及黄色等，吸引了大量的昆虫。在夏季的草原上仔细观察，看看你能找到多少种同样颜色的花朵。

花朵速写

1 为了画花朵，你需要准备：一个速写本、一些彩色铅笔和一块橡皮。在你开始速写之前，仔细观察花朵的颜色、每一朵花的花瓣数量以及叶子的形状。

野花

园丁会选择在花园里种植几种花卉。草原花卉只要播下种子，很容易成活。

马利筋生长在北美的荒野，种荚的柔软细丝可以用来填充家具。

毛茛的花瓣呈黄色，有光泽。如果你拿一朵花放在下巴上，会使你的皮肤看上去像黄油一样。

蓟的茎带有尖刺，叶子呈羽状。它的种子上有一个小降落伞，随风飘动。

仔细观察蓝盆花的花朵，你会看到它是由一朵朵小花组成。

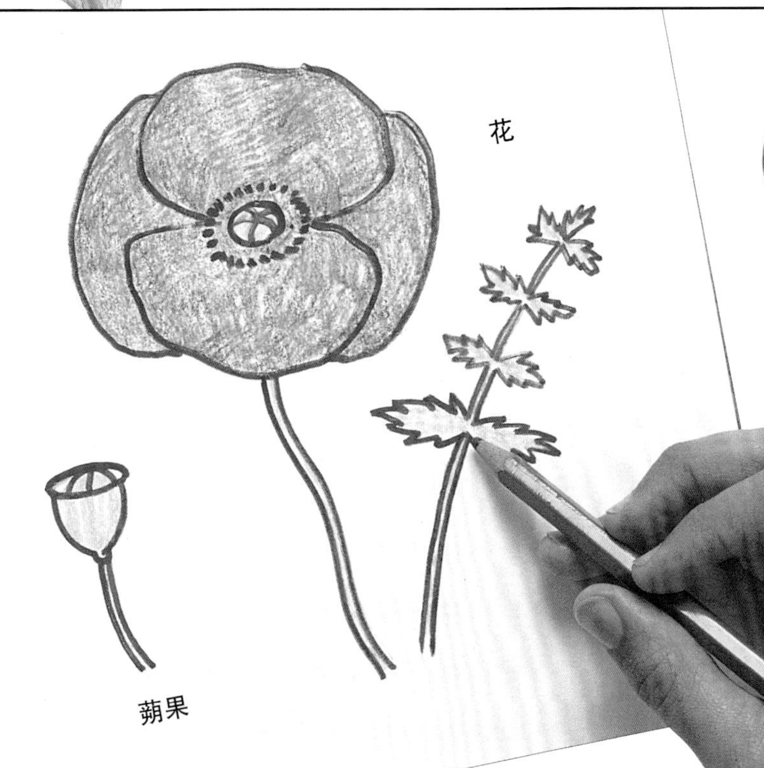

2 尽量把花画得逼真一些。如果你不知道某些花的名字，可以回家后从花卉书籍中查找。

不要采摘花朵

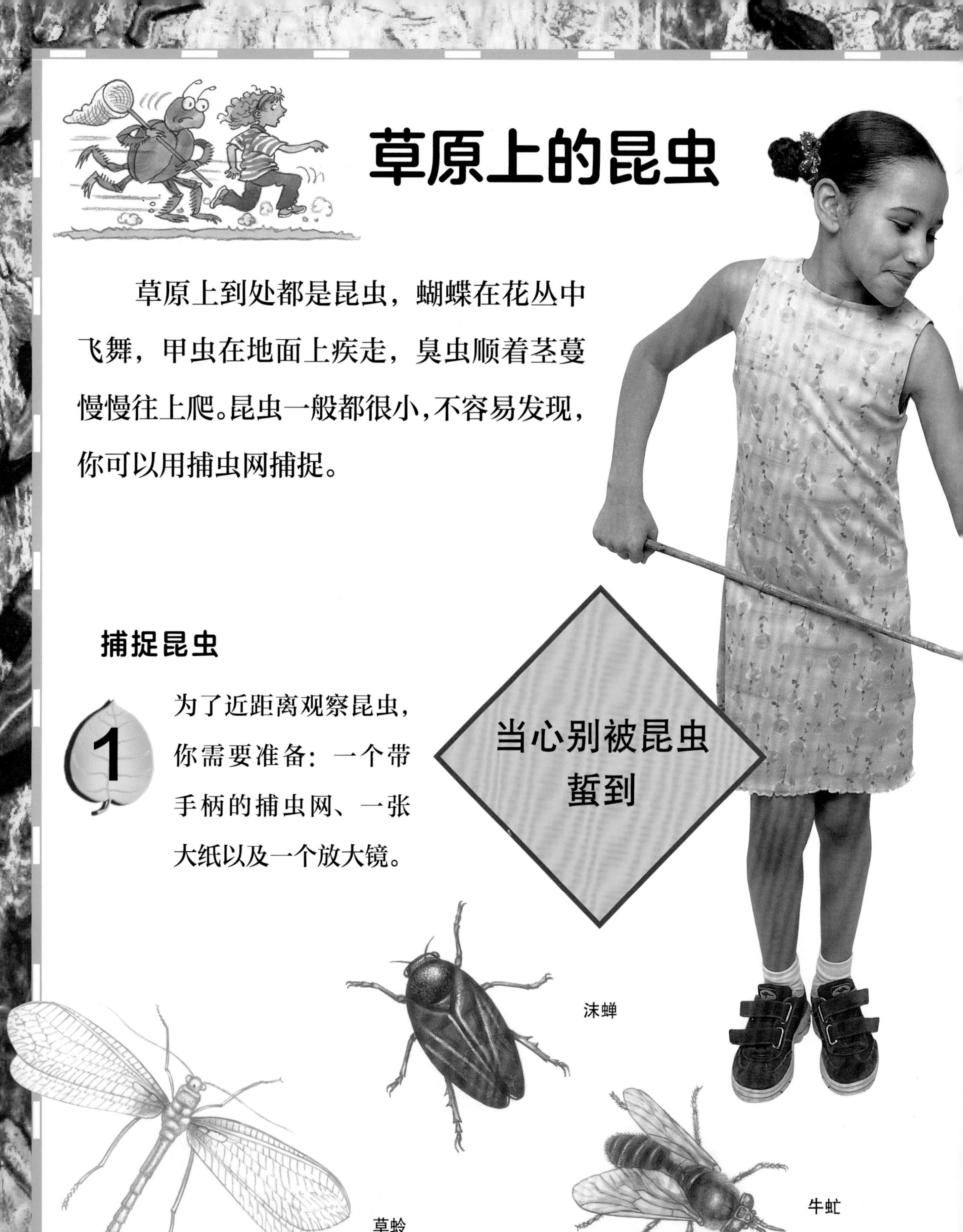

草原上的昆虫

草原上到处都是昆虫，蝴蝶在花丛中飞舞，甲虫在地面上疾走，臭虫顺着茎蔓慢慢往上爬。昆虫一般都很小，不容易发现，你可以用捕虫网捕捉。

捕捉昆虫

1 为了近距离观察昆虫，你需要准备：一个带手柄的捕虫网、一张大纸以及一个放大镜。

当心别被昆虫蜇到

用捕虫网沿着青草顶部猛地用力横扫一下，把网兜捕捉到的东西倒出来放在纸上。

蚂蚱

仔细聆听，你肯定能听到蚂蚱在夏季草原上发出声音。蚂蚱通过摩擦翅膀，或者利用后腿摩擦翅膀，彼此进行交流。它们的后腿很长、很强韧，便于在草丛间蹦跳。

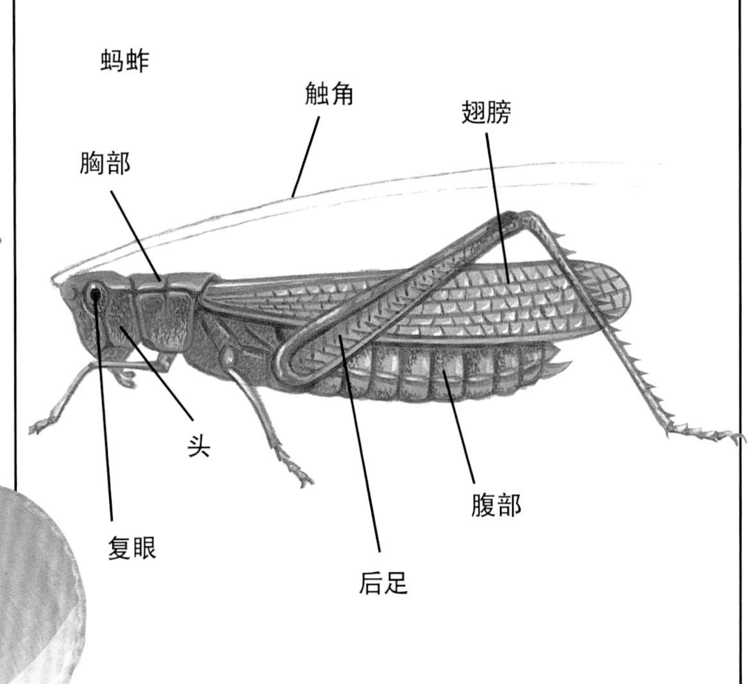

有一类蚂蚱被称为蝗虫，是很多农民的心腹大患。蝗虫成群结队地飞行，会把所到之处的庄稼破坏殆尽。

食蚜蝇

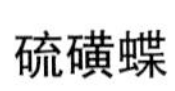

硫磺蝶

3 用放大镜仔细观察这些昆虫。观察完毕后，把它们轻轻地放回草丛中。

草原上的鸟

有些鸟飞到草原上，吃种子、蠕虫、蜗牛和昆虫等。另一些鸟在这里筑巢。鸟类羽毛的颜色可以帮助它们隐藏在草丛中，称为伪装。

帮助鸟类伪装

1 你需要准备：四张卡纸、绘画颜料和一把剪刀。在一张卡纸上画上高茎草。

2 绘制的图案晾干之后，在上面画一只鸟的形状。把它剪下来，留下一个鸟形的洞。

3 如图所示，在其他三张卡纸上画上不同颜色的斑点。注意，要用干净的水调配每种颜色。

草丛中的鸟

一年四季，你都能看到鸟儿成群结队地在草原上飞行和觅食。

加拿大黑雁成群结队地飞来，啄食青草。它们的叫声很大、很刺耳。

云雀为了掩盖巢穴在地面上的具体位置，先在距离巢穴很远的地方降落，然后在草丛中跑回巢穴。

白嘴鸦成群栖息在树顶上凌乱的巢穴里，它们一起在草原上吃昆虫和种子。

麦鸡有时会成群结队地飞到草原上觅食，它们的叫声听上去很像“噼喂”。

把每一张带斑点的卡片放在有鸟洞的卡片后面。观察哪一种斑点让鸟儿更容易伪装。

草原上的动物

除了鸟和昆虫之外，你在草原上还能看到草蛇、鼹鼠、兔子和狐狸等动物，它们生活在地下洞穴里。观察洞穴周围的动物粪便和皮毛，你就能知道里面住的是什么动物。

帮动物找家

1 在四张卡纸上分别画出草蛇、鼹鼠、兔子和狐狸的图案，把它们剪下来。

2 每一种动物挖的地道或洞穴的形状是不同的，把草蛇、鼹鼠、兔子和狐狸的巢穴分别画到四张卡纸上。

巢鼠

巢鼠体形很小，生活在田野或草原的草丛中。

它用尾巴和后腿挂在谷类作物的茎秆上，用前爪抓食谷物。

母巢鼠用草或芦苇为幼崽编织圆形的巢。在有树篱的地方，它可以把草缠绕在较粗的树篱上，建造更安全的巢。

3 把每一张巢穴的图片举起来，请朋友帮动物找到它们的家。

请大人帮助你

你知道吗？

常绿树

常绿树终年是绿色的，因为它们的树叶一年四季都不掉落。它们的叶子通常强韧、鲜亮，能抵御严寒。

翻到 8、9 页，了解常绿树。

落叶树

落叶树的叶子通常宽大、平整，在秋季改变颜色。冬季，落叶树的叶子会凋落。春季，落叶树会重新长出绿叶。

翻到 8、9 页，了解落叶树。

针叶树

针叶树是多种常绿树木的统称，它们的种子长在球果里。松树属于针叶树，它的叶子又细又长，被称为松针。

翻到 8、9 页，了解针叶树。

年轮

树干每年都会长粗一圈，形成一层年轮。数一数树干上的年轮，你就能知道这棵树的树龄。

在 16、17 页，你可以学习如何通过年轮判断一棵树的树龄。

森林

森林是很多树木集中在一起生长的地方。一片森林可能是常绿林，或者是落叶林，也可能是两者构成的混合林。每一片森林都有独特的野生动物种类。

在 6 ~ 17 页，你可以了解森林中各种树木、树叶以及生活在那里的动物。

草原

草原是野花、野草丛生的地方，马、牛和羊经常在草原上吃草。许多昆虫、鸟类以及其他动物都在草原安家。

在 18、19 页，可以学习关于花、草、昆虫、鸟类以及其他动物的知识。

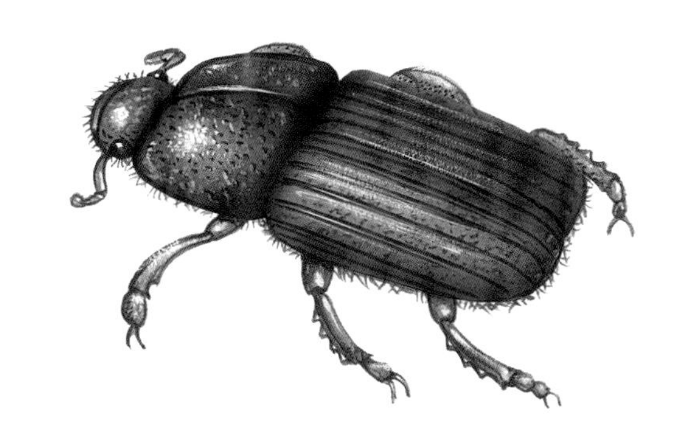

谷类作物

谷类作物是农民种植的多种农作物的统称，例如小麦、燕麦、水稻和玉米等。谷类作物是世界各地人和动物的重要食物来源。

翻到 20、21 页，了解我们吃的谷物分别来自哪种植物。

干草

干草是晒干了的草，在冬季青草匮乏的时候，农民用干草喂养牲畜。

在 18、19 页，你可以学习如何收割青草并把它们晒干。

伪装

伪装是指鸟或其他动物的羽毛或皮毛的颜色与周围环境融为一体。这使得敌人很难发现它们，从而保护自身的安全。

翻到 26、27 页，学习如何绘制一只伪装鸟并剪下来。

秘密花园：自然百科大图鉴

自然花园

［英］萨莉·休伊特◎著
刘　勇　汪隽逸◎译
本册：汪隽逸◎译

甘肃科学技术出版社

图书在版编目（CIP）数据

秘密花园 : 自然百科大图鉴 : 全 6 册 . 4, 自然花园 / (英) 萨莉・休伊特著 ; 刘勇 , 汪隽逸译 . -- 兰州 : 甘肃科学技术出版社 , 2021.6
ISBN 978-7-5424-2780-9

Ⅰ . ①秘… Ⅱ . ①萨… ②刘… ③汪… Ⅲ . ①自然科学 - 青少年读物 Ⅳ . ① N49

中国版本图书馆 CIP 数据核字 (2020) 第 262629 号

著作权合同登记号：26-2020-0117 号
Discovering Nature. Nature Garden

An Aladdin Book
Designed and directed by Aladdin Books Ltd
PO Box 53987, London SW15 2SF England

目　录

简介

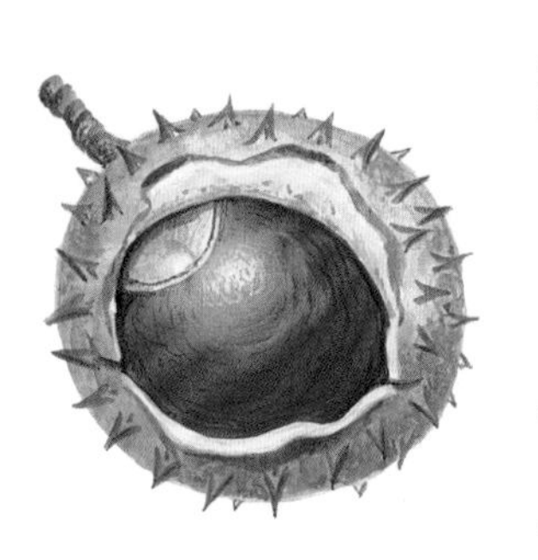

仔细观察花园，你会发现很多有趣的事。你可以借了解生物以及它们的活动场所来找些乐子；还能建造一个蚯蚓公园，看看它们在土壤里工作的样子。你可以绘制一幅蚂蚁路线地图；用喂鸟蛋糕吸引小鸟；也可以探索植物生长需要什么，或是看看谁在你外出时光顾花园。

1 留意数字 1、2、3 后面的内容，这些文字为你提供指导。按照正确的步骤操作，你就能开展实验和各种活动了。

拓展阅读

当你看到这个“自然观察员”的标志，就能读到更多有趣的知识，例如，怎样辨识动物脚印，帮助你更好地了解自然花园。

提示和技巧

· 你在花园里寻找东西的时候，注意不要踩到任何植物。

· 观察动物的时候，尽量不要打扰它们。如果你需要带走它们，在观察任务完成后，务必送回原处。

· 如果你手上或其他地方有伤口，在接触土壤前，务必用创可贴把伤口贴上。

· 当你接触植物或土壤时，千万不要用手摸脸或揉眼睛。研究完成后把手洗干净。

不要触摸腐烂的物品

这个特殊的警告标志表明，你在进行实验活动时需要格外小心。比如，在观察土壤中的垃圾降解时一定要保持袋子密封良好。不要触碰或者去闻任何腐烂的物品，它们可能会传播病菌使你生病。

如果看到这个标志，需要请大人帮助你。不要使用锋利的工具或独自探索。

土壤

土壤是组成你的自然花园的重要成分。植物生长需要矿物质和水，鼹鼠、蠕虫等很多小动物以土壤为家。

土壤沉降

1 在自然花园里找到土壤，从花坛边缘挖一些土壤放进桶里。

2 将部分土壤放在筛子中，在水桶上方摇动过滤。将筛后留在筛网上的物品分类放在纸上。你可能会发现一些石头、少量的植物甚至是一些在土壤里居住的动物。

3 接着将部分土壤装入一个螺口瓶中，往瓶内注水至接近瓶口处，拧紧瓶盖。

4 摇晃土壤和水的混合物，然后将螺口瓶直立静置。

5 在不会弄乱瓶中物体的情况下仔细观察，土壤会在水中分层沉降。

土层

土壤由死亡的植物、动物以及小块碎裂的岩石混合而成。不同的岩石碎块会形成诸如沙质、白垩质或是黏土质的土壤。

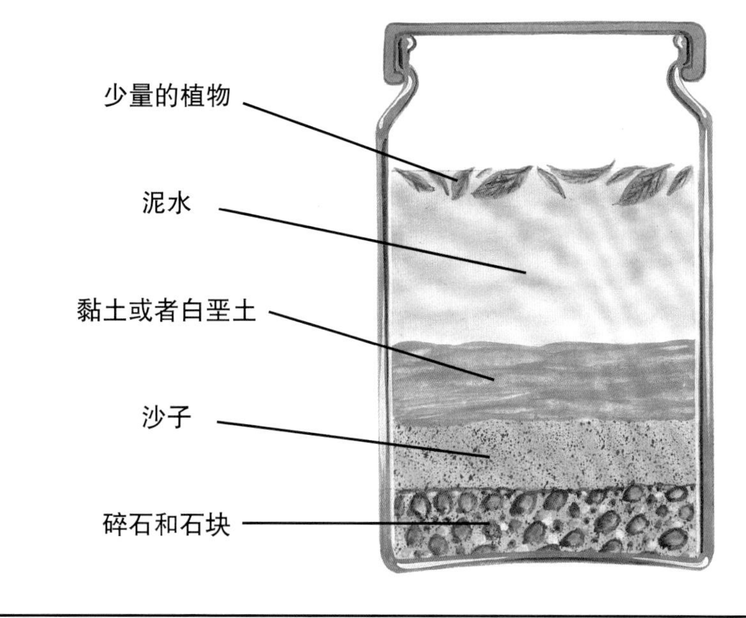

腐烂的垃圾

死去的植物和动物腐烂在土壤中，使土壤变得肥沃，适于新生植物的成长。并非所有垃圾都能很快腐烂，有些垃圾会在土壤中留存很长时间。

垃圾袋

1 研究哪些垃圾会腐烂，哪些不会。别丢掉香蕉皮、苹果核、纸巾、罐头或是薯片包装袋，将它们埋起来吧！

千万不要在垃圾箱中找垃圾

2 往几个透明塑料袋中分别装进适量土壤，分别在每个袋子中装入一种垃圾，用土壤埋住垃圾，之后封好袋口。

3 每隔几天检查一下袋子，但不要打开袋口。你会发现苹果核腐烂得很快，香蕉皮慢一些，塑料制成的垃圾完全不会腐烂。

自然观察员

有很多植物和动物能直接处理诸如落叶、木头或是死去的生物之类的垃圾。这些动植物被称作分解者。

真菌通常生长在枯木上，并以此为食。

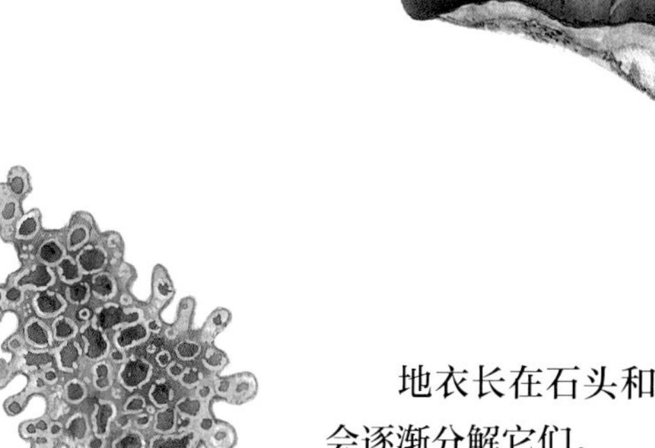

地衣长在石头和树木上，会逐渐分解它们。

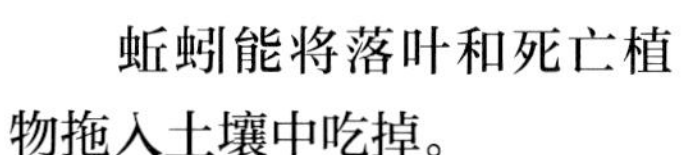

蚯蚓能将落叶和死亡植物拖入土壤中吃掉。

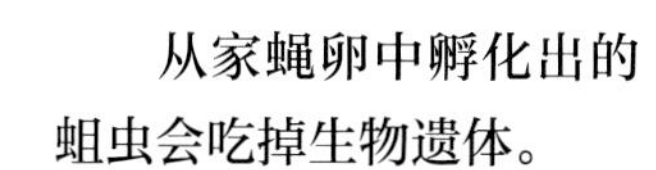

从家蝇卵中孵化出的蛆虫会吃掉生物遗体。

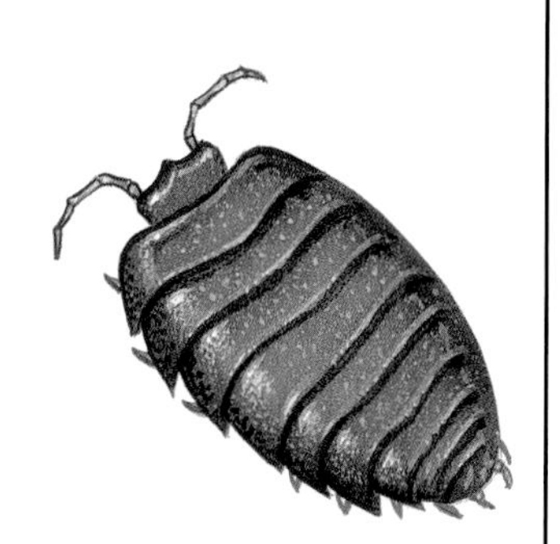

潮虫生活在阴暗潮湿的地方，以落叶和木头为食。

种子

园丁们会悉心照料他们种植的树木和花卉，也会花大量时间清除野草。你可以研究一下，哪些种子正藏在土壤里等待生长。

花园的土壤

1 从两个不同的地方挖出一些土壤，比如树下和篱笆旁。将土壤分别放到各自的塑料花坛里，并标记好它们的出处。

2 每天给两个塑料花坛浇水。一段时间后你会发现，即便你没有播种过，一些嫩芽仍会从土壤中萌发出来。

3 一些嫩芽会长成青草或野草，树上掉下的种子有一天可能会长成小树苗，而一株玫瑰花甚至有可能来自鸟类排泄物中的玫瑰果。

种子的传播

植物们会依靠各种方式传播自己的种子，给种子提供长成强壮植株的机会。

鸟类会采食多汁的浆果，比如樱桃。浆果的种子在果实里，会随着鸟类的排泄物一同落到地面上。

七叶树的种子很重，会直接落到地面上。你可以在七叶树的下面找到这些种子。

蒲公英的种子能借助小小的“降落伞”四处飘荡，风会将它们吹向远方。

青草

在乡村，青草是动物的食物。花园里的青草像绿色而柔软的地毯。青草还有其他的作用，刮风和下雨时，草根会将土壤维持在原处。不同的土地上会长出不同的青草。

黑暗之中

1 这个环节将向你展示，阳光如何让青草变绿。在草坪上找一个角落。

2 在草坪边缘的青草上盖上一块厚实的卡片，并在卡片上摆上石头，以防被风吹跑。

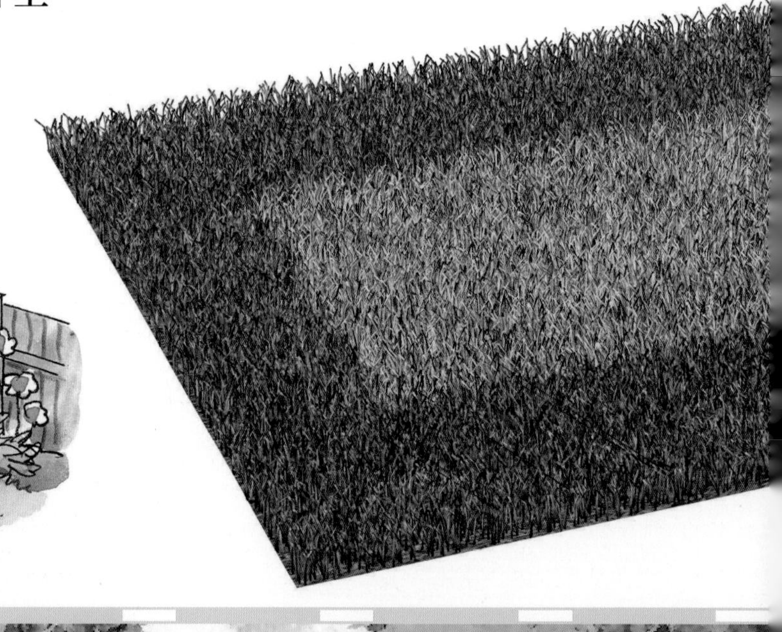

3 两周后拿起卡片看看青草发生了什么变化。一直处在黑暗中的青草会变成淡绿色或黄色，并开始枯萎。

利用阳光

像青草一样，植物需要阳光才能发育和生存。植物利用阳光产生自身所需的养分，这种现象被称为光合作用。

光合作用

叶片内的一种绿色物质被称为叶绿素，植物利用叶绿素将阳光转化为自身的养分。

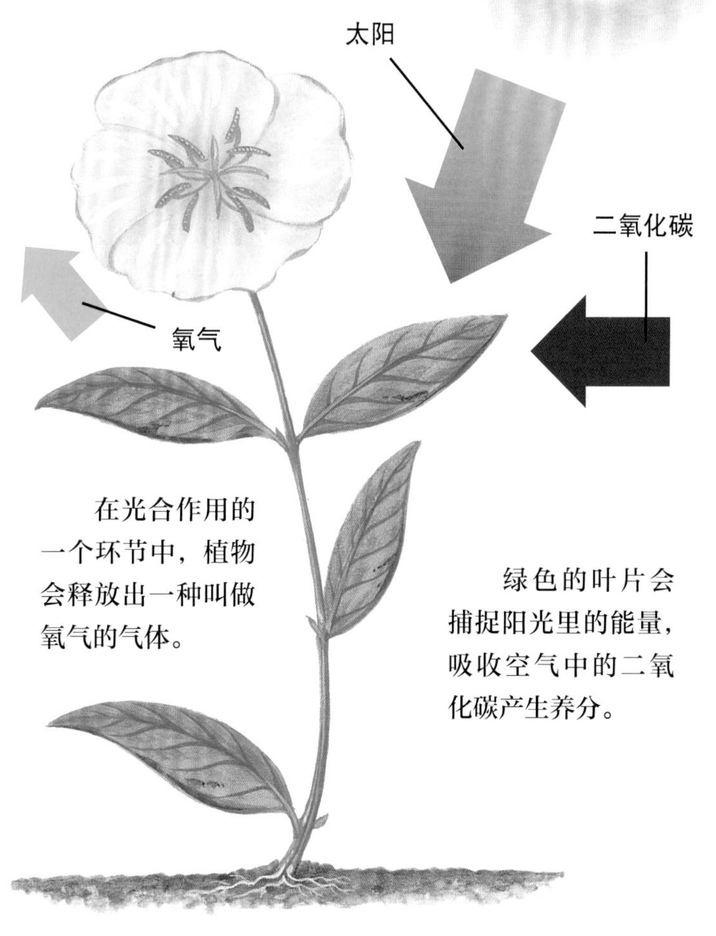

在光合作用的一个环节中，植物会释放出一种叫做氧气的气体。

绿色的叶片会捕捉阳光里的能量，吸收空气中的二氧化碳产生养分。

没有了阳光，植物无法生产养分，会死亡。

植物

我们都有血管将血液运送到身体各处。植物也有“血管”，可以将自身所需的水分和矿物质运输到各处。观察西芹梗中的水分是如何从主茎内升到叶子中的。

吸水

1 为了进行这个实验，你需要准备一罐水、一些蓝色食用色素，还有带叶的西芹梗。

2 将水和蓝色食用色素在罐内混合，然后插入西芹梗，将罐子放在窗边数小时。

3 蓝色的水将慢慢上升到茎的“血管”中，接着上升到叶子里，将它们染成蓝色。

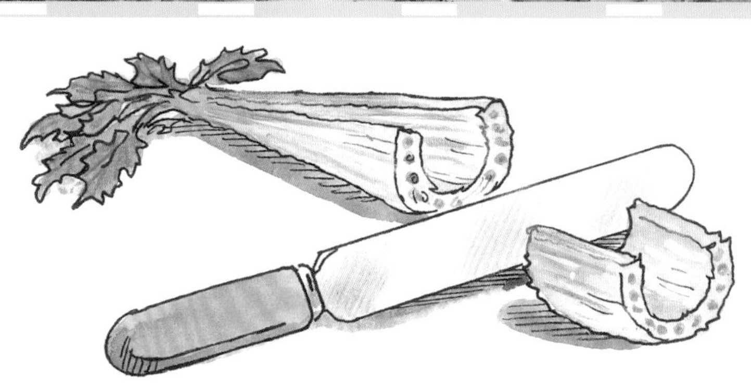

4 从茎的中部横向切开西芹，你会发现“血管”被染成了蓝色。

根

根部在土壤中向下生长以稳固植物的位置。它们长有细小的根毛，可以从土壤中吸取植物所需的水分和矿物质。水分被根吸收，接着由茎部转运到叶子里，最后散发到空气中。

胡萝卜和土豆的食用部分为块茎，块茎有储存养分的作用。

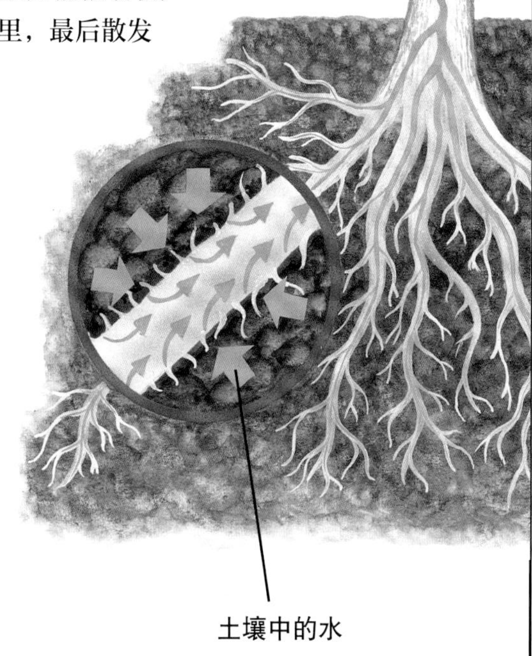

花朵

植物最初由微小的卵发育而来。花朵里有植物的卵，卵会发育成种子，种子成长为新的植物。如果你仔细观察花朵，会发现能让种子发育的器官。

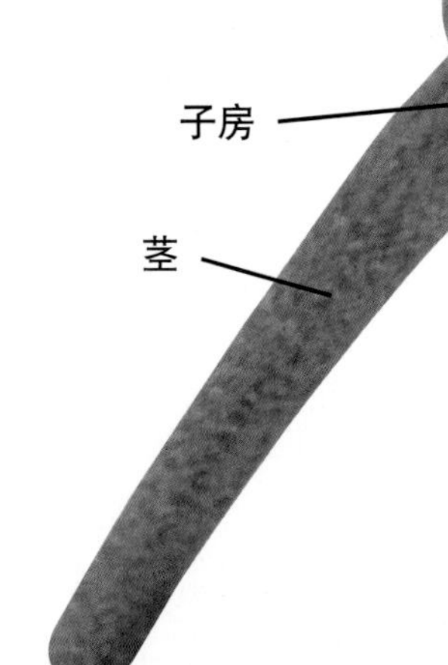

花朵的组成

雄蕊从花朵的中间生长出来，雄蕊末梢产生的黄色粉末被称为花粉，花粉会让有些人染上花粉热。

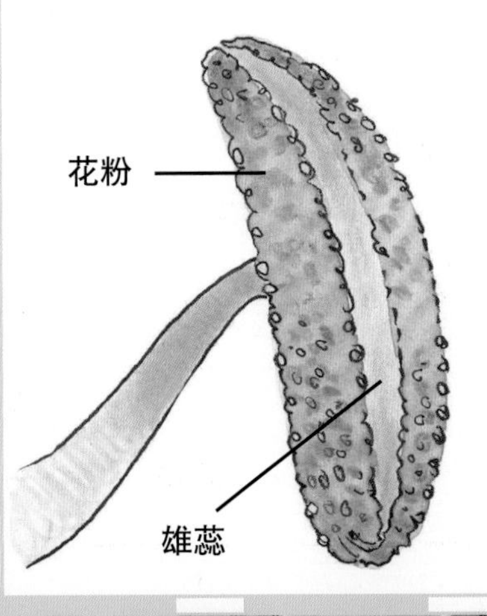

2

昆虫和鸟类会被花瓣的颜色、形态以及味道吸引，它们以花粉和甜美的花蜜为食。

3 柱头从花朵中部长出，落在柱头上的花粉颗粒向下长出花粉管，连接到子房中的卵，这个卵会发育成种子。

4 子房是花朵中的卵变为种子的器官。

各式各样的花

寻找花园中各种不同颜色、形状、大小、味道和生长环境的花朵。

苹果树上的苹果花会在夏天变成水果。

水仙花的球茎可以栽种在花盆或是窗台花坛里。

金银花沿墙壁或篱笆向上生长，闻起来非常香甜。

鸟类

鸟类是花园里的访客，它们来寻觅食物和水。在春天，它们会寻找一处庇护所筑巢。你可以为小鸟提供食物和饮水。

冬季喂鸟蛋糕

1 在冬天，鸟类能找到的食物非常有限。你可以烹制一款冬季喂鸟蛋糕，需要用到的材料有面包渣、生花生、培根皮和猪油。

2 在饼模或松饼盘上铺一层防油纸，然后在碗里把面包渣、花生和切碎的培根皮搅拌均匀。

3 在平底锅中小火加热猪油，直至完全融化。猪油给蛋糕定型的同时，也为鸟类提供可摄入的脂肪，起到保暖的效果。

大人帮助你

5 将混合物静置放凉，然后把蛋糕倒出来，放在室外猫狗触碰不到的地方，同时附上饮用水。

4 将融化的猪油浇入步骤2中制成的混合物里，搅拌均匀后倒入饼模或松饼盘。

鸟类的食物

鸟类会在花园中四处觅食。

有些鸟会吃浆果和水果，还有些会在空中捕食昆虫。

毛毛虫、蜗牛和蚯蚓是鸟类喜爱的多汁美餐。

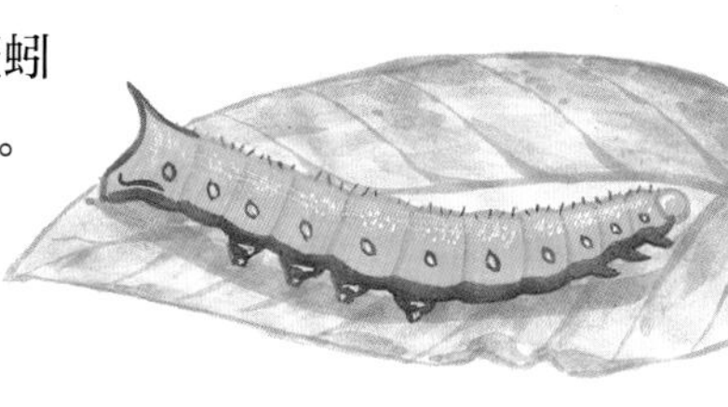

小型鸟类会从地面上啄食种子和昆虫。

到了冬天，地面变得僵硬，浆果无处可寻，小鸟便会来吃你做的冬日喂鸟蛋糕。

脚印

鸟类不是唯一会来花园中觅食、取水的访客。还有一些害羞的生物会在夜间或是无人的情况下到来。通过它们的脚印你能知道有谁来过。

饥饿的访客

1 在烤盘中装满潮湿的沙土，将沙土表面均匀抹平。将小块食物放在盘子里，比如黑面包、水果、蔬菜和坚果，并向茶碟中倒入牛奶或者清水。

2 把食物和茶碟放在烤盘上，将烤盘置于花园中无人打扰的地方。在清早和晚上分别查看烤盘上的脚印。

3 记录是谁在沙盘上留下踪迹。它们是朝来还是暮至？细心检查后将沙盘抹平。

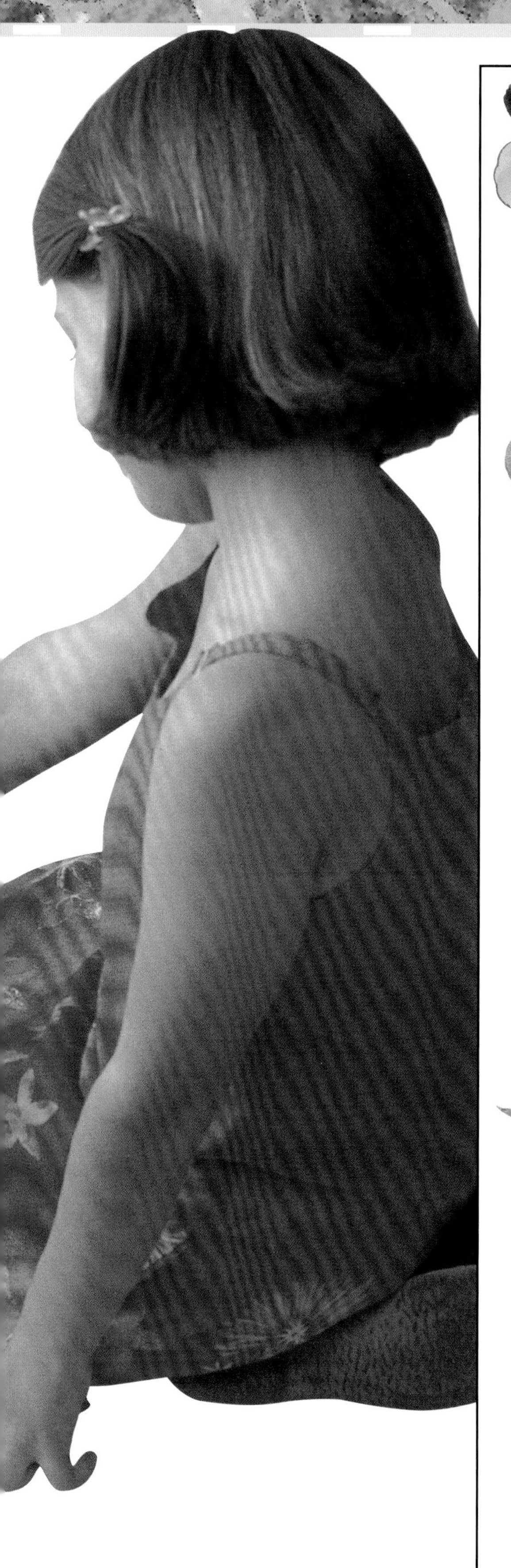

辨识脚印

你可以借助下面的图形辨别沙盘中留下的脚印。这些图形与真实的动物足迹大小一致。

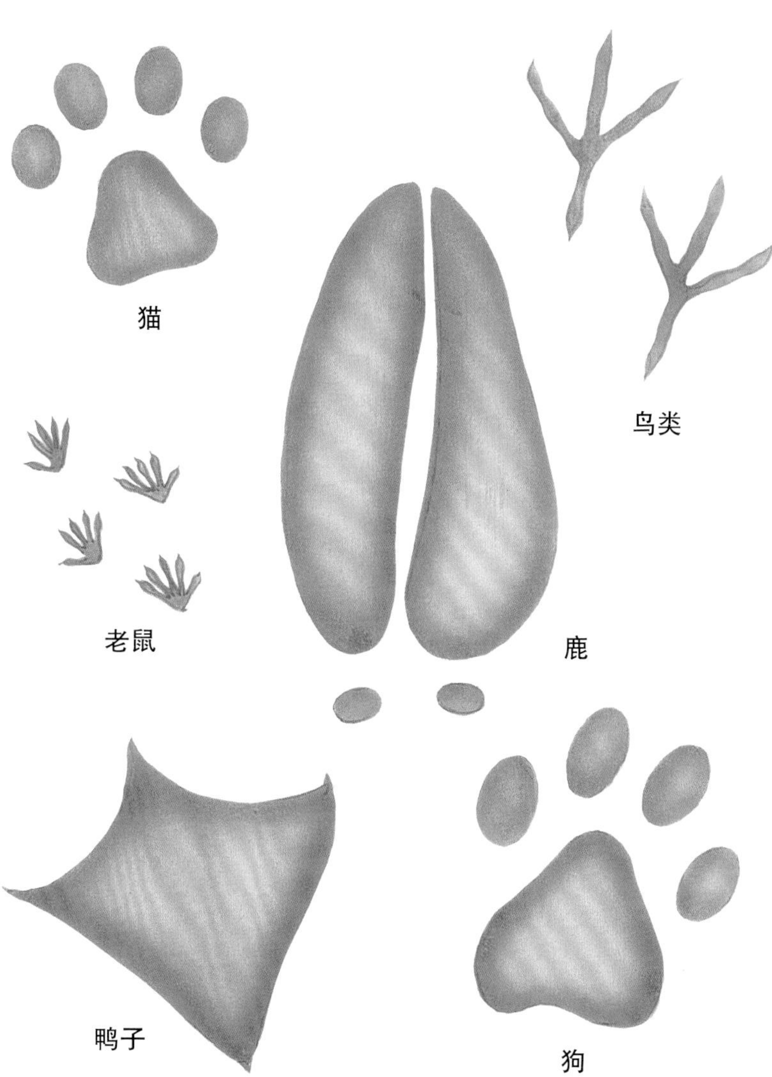

如果你找不到和自己沙盘中的脚印匹配的图形，试着找找最相似的一个。你可以认出它是鸟类还是兽类吗？它是大还是小？寻求大人的帮助，找出这些脚印到底属于谁。你可以从动物指南中查询。

昆虫

寻找那些在土壤中、石头下、草木里，还有栖息在墙壁上，躲藏在石缝间，或是在水中游泳的昆虫们。为那些生活在花园里或是到访此处的昆虫绘制一张图表。

昆虫访客

1 你需要用到一张卡片、一把尺子、彩笔还有放大镜。

2 仿照右图，将图表画到卡片上，你可以自行增加纵列。如果你在晚上观察到了昆虫，例如飞蛾，别忘了画上月亮的标记。

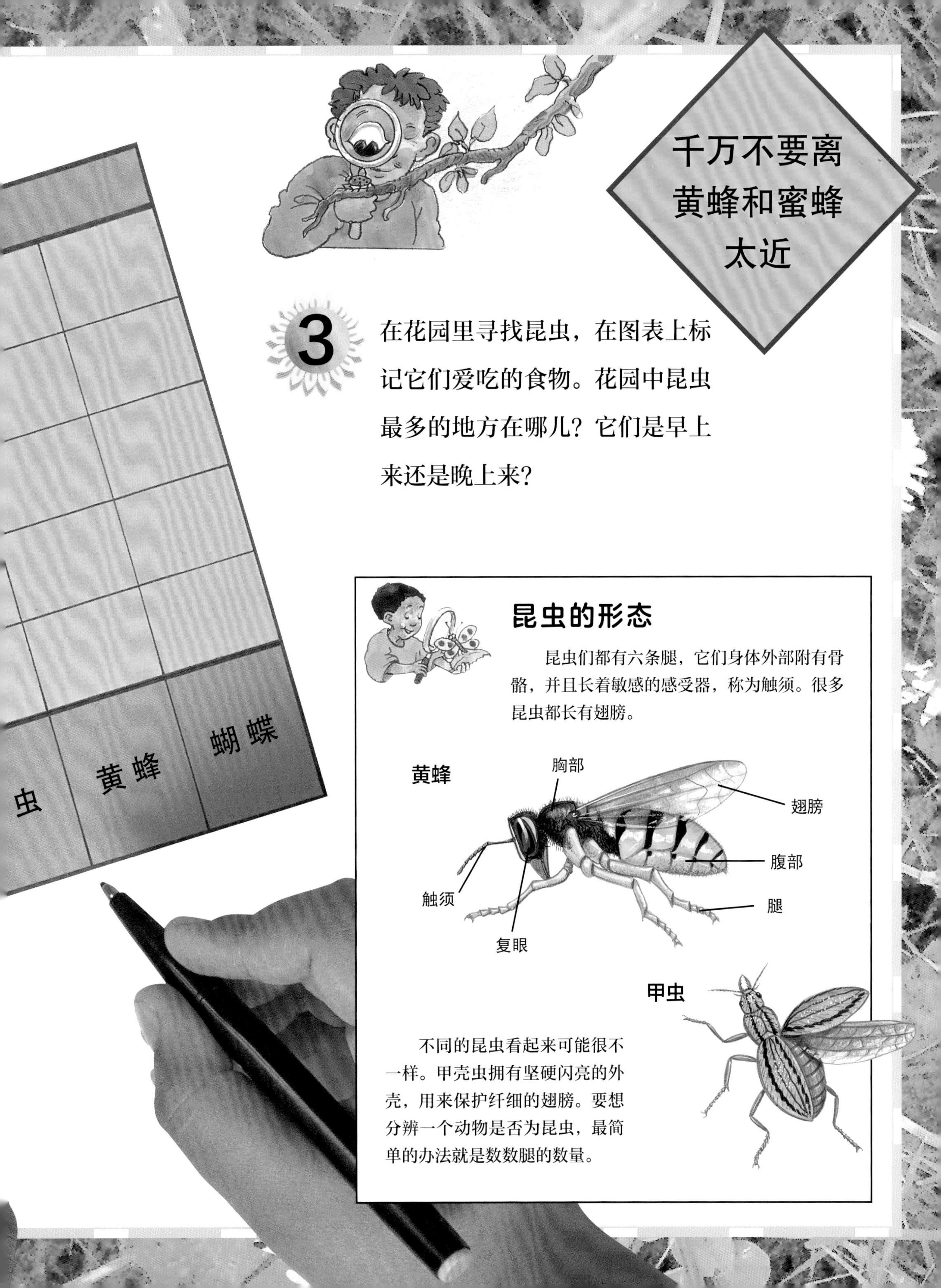

3 在花园里寻找昆虫，在图表上标记它们爱吃的食物。花园中昆虫最多的地方在哪儿？它们是早上来还是晚上来？

昆虫的形态

昆虫们都有六条腿，它们身体外部附有骨骼，并且长着敏感的感受器，称为触须。很多昆虫都长有翅膀。

不同的昆虫看起来可能很不一样。甲壳虫拥有坚硬闪亮的外壳，用来保护纤细的翅膀。要想分辨一个动物是否为昆虫，最简单的办法就是数数腿的数量。

虫子

有很多小型生物不属于昆虫，例如蜘蛛和蛞蝓。蜘蛛吐出柔软的丝网捕捉食物；蛞蝓和蜗牛爬过的地方会留下银色的轨迹；千足虫在黑暗潮湿的地方爬来爬去。你可以设一个陷阱捕捉花园里的小虫子。

挖陷阱

1 在土里挖一个刚好能放入小型容器的坑，将几片水果和一小勺猫粮或狗粮放进去。

2 用一个石块盖住陷阱，在一端垫上小石头，留下一道小缝。

3 待一夜过后移开石块，看看你抓住了什么。在你释放虫子之前，试着弄清楚它们的种类。

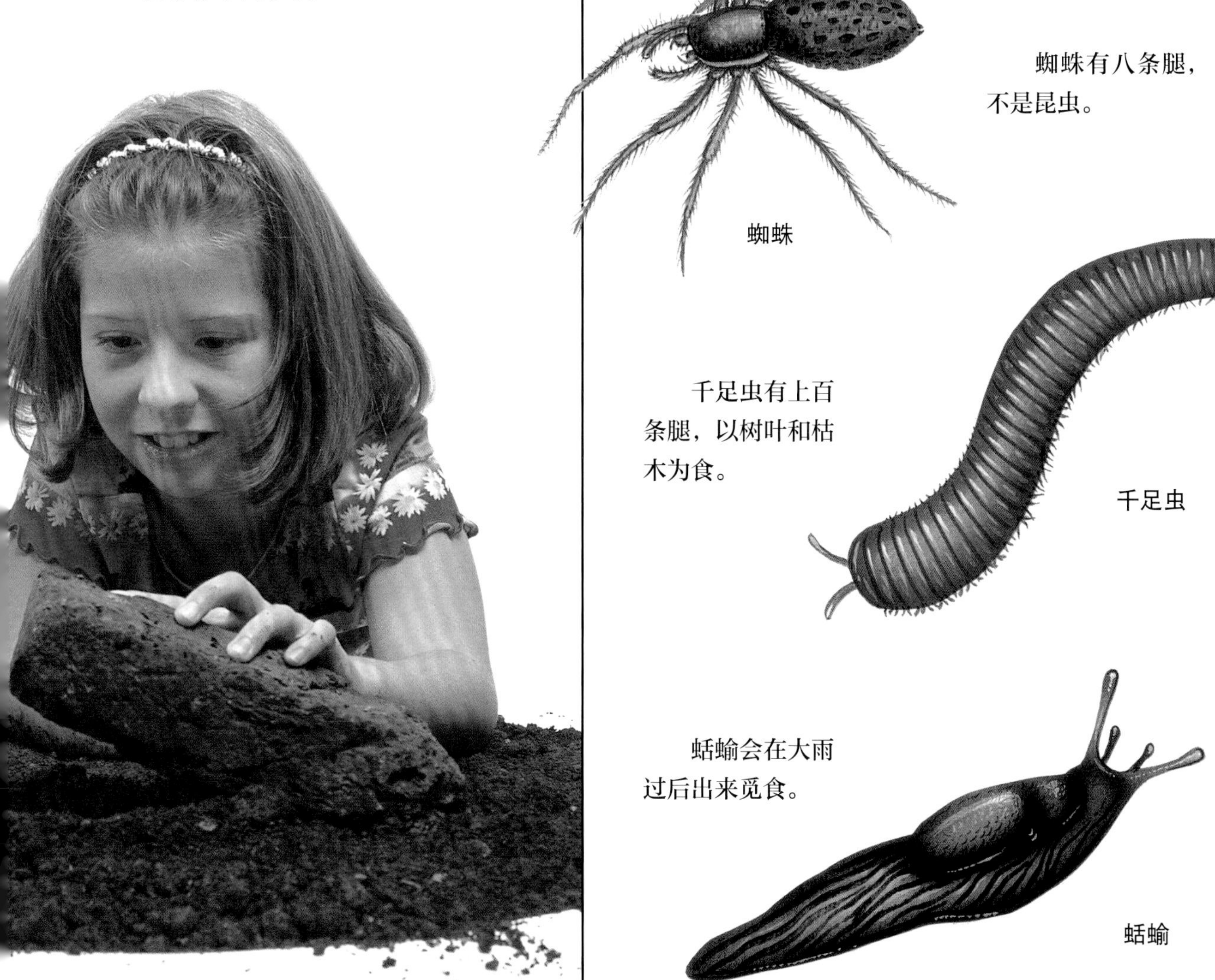

虫子大发现

看看你能否用放大镜在花园里找到这些小生物。

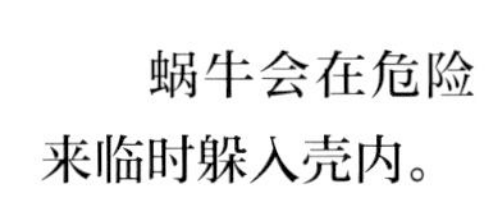

蜗牛会在危险来临时躲入壳内。

蜗牛

蜘蛛有八条腿，不是昆虫。

蜘蛛

千足虫有上百条腿，以树叶和枯木为食。

千足虫

蛞蝓会在大雨过后出来觅食。

蛞蝓

蚂蚁

蚂蚁有六条腿，你当然能肯定它们属于昆虫。蚂蚁常常会沿着同样的路线长途跋涉。这个项目会帮助你发现自己的花园里是否有蚁巢。

蚂蚁的行走路线

1 在盛有一半温水的碗中加入两勺白糖，搅拌至白糖溶解。

2 将小块的面包放入碗中，使其浸润，在面包浸透之前取出，拿到花园里。

诱饵

诱饵

巢穴

3 在花园四处放置面包当诱饵，蚂蚁们会找到食物并排成队列运输，你追随着队列就能找到蚂蚁的巢穴。

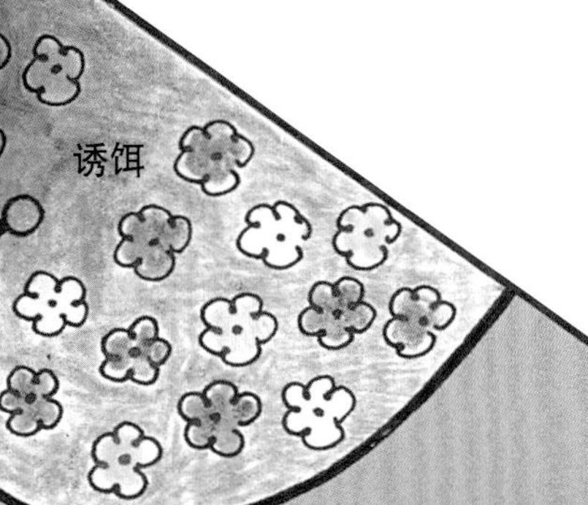

4 画出你的诱饵分布图，用虚线表示蚂蚁搬运食物走过的路线。蚂蚁的巢穴应该处于所有线条的交会处。

诱饵

蚂蚁的巢穴

蚂蚁们在地下结群居住和工作，建造了大量的穴室。蚁后负责产卵，工蚁们会寻找食物并带回穴室中。

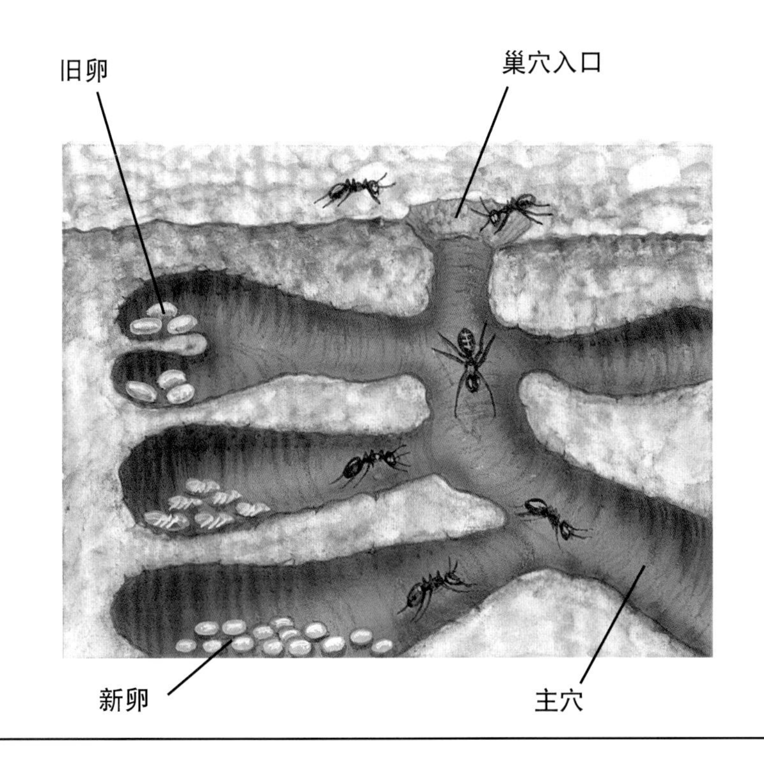

蚯蚓

蚯蚓在地下挖掘前进，它们在土中取食，身后留下名为蚯蚓粪的小土堆。你可以观察蚯蚓将死去的植物和树叶拖到地下大快朵颐。

观察蚯蚓

1 你需要用到鞋盒、塑料垃圾袋、胶带、保鲜膜、枯死的树叶等植物、土壤和蚯蚓。

2 将鞋盒用垃圾袋套上，并用胶带把垃圾袋固定住，这样可以让鞋盒防水。

3 将湿润的土壤装入鞋盒，放入你从花园里挖出来的蚯蚓。

4 等待蚯蚓钻入土壤里，撒上枯死的树叶等植物。

5 在保鲜膜上扎出若干小孔保持透气，将保鲜膜覆盖在鞋盒上。观察枯死的树叶等植物会在多久后消失。

为蚯蚓正名

蚯蚓并非花园里的害虫，园丁会因为土壤中有蚯蚓非常开心，因为它们会帮忙将土壤弄碎，碎掉的土壤能保有充足的氧气，为植物提供足够的空间。没有蚯蚓的土壤会变得非常坚硬，难以挖掘，很难进行种植活动。

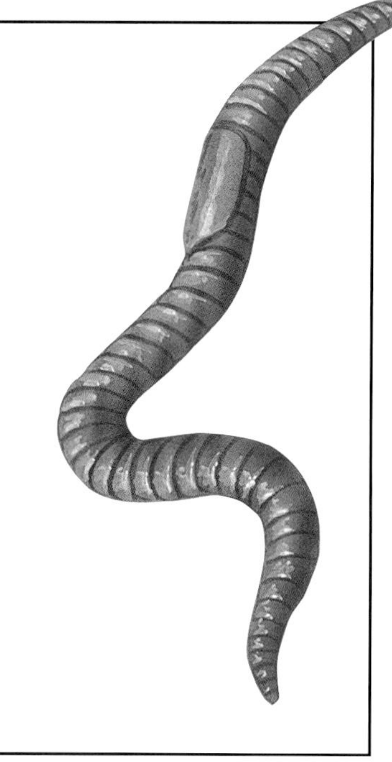

你知道吗？

土壤

土壤由几种岩层和死亡多年的动植物组成。不同的岩石分解成不同类型的土壤。

你可以在 6、7 页找到晃动土壤，观察分层的方法。

分解者

有些生物能分解死去的动植物，统称为分解者。

你可以在 8、9 页中看到分解不同物体所需的时间。

种子

植物由种子发育而成。种子内含有新生的植株发芽所需的能量物质。

你可以在 10、11 页探索土壤中等待萌发的种子。

青草

青草是动物们的食物，还可以将土壤维持在原地。青草需要阳光照射才能维持绿色。

翻到 12、13 页，看看如何证实阳光让青草维持绿色。

光合作用

光合作用是植物利用阳光、二氧化碳、水分和叶片内的叶绿素产生养分的过程。

在 12、13 页查看光合作用的过程。

根

根部将植物固定在土地上。土壤中的水分和矿物质通过根部进入植物体内。

你可以在 14、15 页查看，如何利用西芹梗和色素观察植物向上运输水分的过程。

花朵

花朵是生产种子的器官，种子将来会发育为新生植株。花朵有各种各样的形态和大小，但它们都有相同的构造。

在 16、17 页可以找到花朵的构造。

鸟类

鸟类以浆果和昆虫为食。冬天里，它们很难找到足够的食物。

你可以从 18、19 页学习如何制作冬季喂鸟蛋糕。

昆虫

所有的昆虫都有六条腿。任何不是六条腿的动物都不能称为昆虫。不同的昆虫在不同的地方觅食。

在 22、23 页，你可以学到如何为花园里的昆虫制作栖息地表格，还能查看昆虫的身体构造。

蚂蚁

蚂蚁是一种居住在地底巢穴里的昆虫，它们会长途搬运食物。

翻到 26、27 页，看看如何通过放置食物找出花园里的蚁穴。

蚯蚓

蚯蚓居住在土壤中。它们会粉碎土壤，使其适合植物的生长。园丁们希望花园中有蚯蚓的存在。

你可以在 28、29 页学习如何建造自己的蚯蚓公园。

秘密花园：自然百科大图鉴

河流、池塘和海洋

［英］萨莉·休伊特◎著

刘　勇　汪隽逸◎译

本册：刘　勇◎译

甘肃科学技术出版社

图书在版编目（CIP）数据

秘密花园：自然百科大图鉴：全6册.6,河流、池塘和海洋/(英)萨莉·休伊特著；刘勇,汪隽逸译.-- 兰州：甘肃科学技术出版社，2021.6
ISBN 978-7-5424-2780-9

Ⅰ.①秘… Ⅱ.①萨… ②刘… ③汪… Ⅲ.①自然科学－青少年读物②水资源－青少年读物 Ⅳ.① N49
② TV211-49

中国版本图书馆 CIP 数据核字 (2020) 第 262648 号

著作权合同登记号：26-2020-0117 号
Discovering Nature. Rivers, Ponds and Seashore

An Aladdin Book
Designed and directed by Aladdin Books Ltd
PO Box 53987, London SW15 2SF England

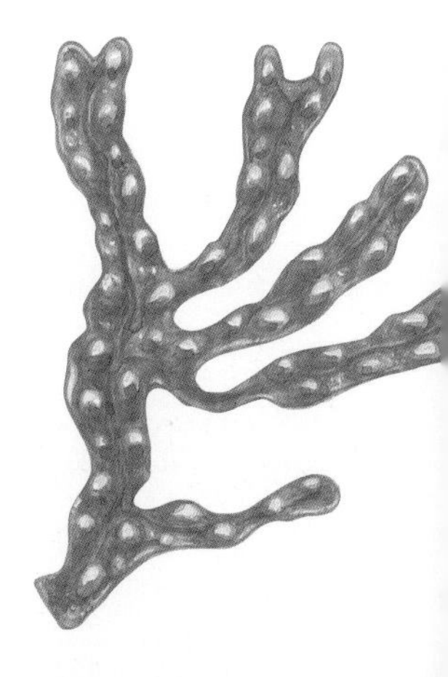

目　录

简介

河流、池塘和海洋孕育了各种各样的生物。认识在水边、水上或水下生活或生长的生物，你能从中获得很大的乐趣。用网兜在池塘里捞一捞，留意在水面上滑行的昆虫。观察水鸟，建造水坝，了解月球和潮汐的关系。

1 留意数字 1、2、3 后面的内容，这些文字为你提供指导。按照正确的步骤操作，你就能开展实验和各种活动了。

拓展阅读

当你看到这个“自然观察员”的标志，就能读到更多有趣的知识，帮你了解河流、池塘和海洋，以及生活在其中的各种生物。

提示和技巧

· 如果没有大人陪同，千万不要去河流、池塘或海边。远离陡峭、湿滑的河岸。务必要小心深水，注意湍急的水流和变化无常的潮汐。

· 如果你看到岸边或水中有垃圾，千万不要随便捡拾，因为它们可能很锋利，或者很危险。记得把你自己的垃圾带回家。

· 如果你发现某种动物，一定要有耐心，保持安静。要是你乱动或出声，会把它们吓跑的。

当心速度快、威力大的潮汐

这个特殊的警告标志表明，你在进行实验活动时需要格外小心。例如，在海边时务必要留意，速度快、威力大的潮汐有可能把你冲离海岸，甚至把你卷入海里！

如果看到这个标志，需要请大人帮助你。不要使用锋利的工具或独自探索。

请大人帮助你

流水

雨水、融雪、湖水和泉水汇聚起来，就会变成一条河流，顺着斜坡穿过陆地向下流动。开展下面这个实验项目，看看河流是如何改变陆地面貌的。

建造河流

1 观察水顺着斜坡向下流动。在塑料托盘一端，用大小不等的石子堆成一座小山。

2 用土壤把石子盖住。把小山的形状修整一下，使山坡从上往下向托盘另一端延伸。

把一些石子放在土壤做的山坡上。拿一个水罐装满水，然后把水倒在山顶上。

4 注意观察，水变成了一条迷你河，形成河道，裹挟土壤一起流到山下。

淡水和咸水

雨水、河水、湖水和泉水是我们饮用的水，也是植物生长所需的水。这类水被称为淡水，也意味着它们不咸。

河流把陆地上的盐分和矿物质冲刷到海里，使海水变咸。咸水不好喝！

水坝

人们在河流上建造水坝，减缓水流的速度。水在水坝后面汇聚成湖泊。我们并不是唯一能够建造水坝的动物，还有一些动物也会建造水坝阻挡水流。

建造水坝

1 用木头建造水坝，阻挡你在6、7页建造的山坡河流。

2 往山上倒一些水，你会注意到，水顺着山坡流下，在水坝后面汇聚成一个小湖泊。

勤劳的河狸！

河狸的身体非常适合在水里生活。它脚上有蹼，能够游泳；厚厚的皮毛能够防水；扁平的尾巴像船桨，在游泳时用来控制方向。

河狸是聪明的建筑工。它们利用坚硬、锋利的牙齿把树木咬断，拖到河里建造水坝。

水坝拦住河水形成湖泊，湖泊把河狸的家园围在中央，使它们免受敌人攻击。

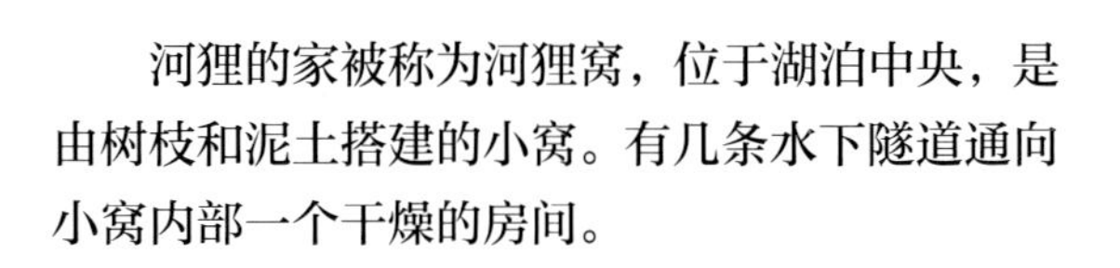

河狸的家被称为河狸窝，位于湖泊中央，是由树枝和泥土搭建的小窝。有几条水下隧道通向小窝内部一个干燥的房间。

湍急的河流

河水永远都在流动。有时，它们的流速缓慢，可有时也会变成奔腾的洪流。下面的实验项目将会帮助你测量河水的流速。

计时棒

1 把不同颜色的绳子或彩带系在几根短棒的一端。把它们带到河流（或小溪）的桥上。

站的地方不要离河边太近！

2 请朋友帮忙，两人同时把短棒扔进河流的中间和两侧。

3 测算三根短棒随着河水流到桥的另一侧分别用了多长时间。哪一根速度最快？

河水是如何流动的？

位于河流中间部分的水，流动速度较快。因为那里几乎不受阻挡。水在石头上滚滚向前，冲走土壤，因此，中间部分往往是河流最深的地方。

岩石、土壤以及生长在岸边的植物，都会减缓水流的速度。靠近河流两岸的水比较浅，流速也比较慢。

池塘打捞

春天或夏天是去池塘打捞宝贝的最佳时间。你只要用一个网兜和一个塑料容器，就能发现在池塘不同地方生活的各种各样的动植物。

在水边打捞时，身体不要过度倾斜，否则，你可能会掉进去！

打捞工具

在一个干净的塑料容器里装满池塘水。用网兜在靠近池塘边的水里打捞一下。

2 把打捞上来的东西倒进容器里。用放大镜观察你捞上来的各种动植物。

3 现在，用网兜在池塘中央的水里打捞。你捞上来的东西跟上一次有什么不同?

池塘动物

你可能会发现，池塘里住着很多神奇的动物，下面是几个常见的例子。

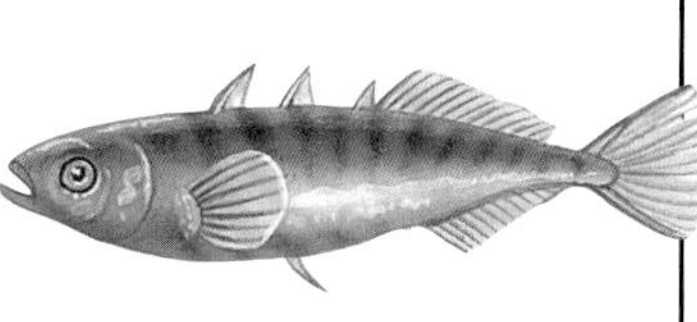

刺鱼

刺鱼背上生有带刺且锋利的鳍。

静水椎实螺

静水椎实螺生有粗糙的舌头，能吃水下植物。

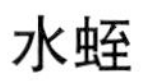

水蛭

水蛭以鱼和淡水螺为食。

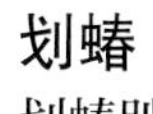

划蝽

划蝽趴在水面上游泳。

4 务必把打捞上来的动植物重新倒入池塘。尽量把它们放回原处。

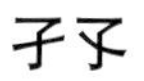

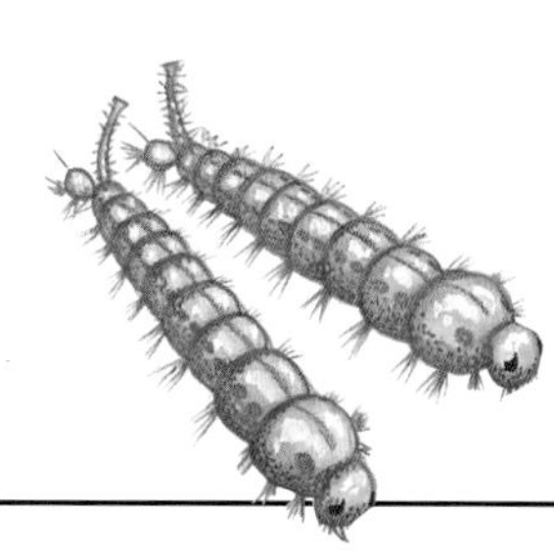

孑孓

孑孓（蚊子幼虫）吊在水面下，通过身体上的一根管子呼吸空气。

水虫

池塘的每个地方都有动物存在。它们住在土壤里，在水里游泳，或者在水面上滑行。飞虫从水面轻轻掠过，在水生植物上产卵。

观察吓人的虫子

1

水蜘蛛在水下结网，并在网眼间填满气泡。然后，它就躺在那里等着捕捉路过的动物，把它们吃掉。

蜻蜓

2

蜻蜓从水面掠过，用爪捕捉昆虫。它的翅膀透明身体鲜艳多彩。

水蜘蛛

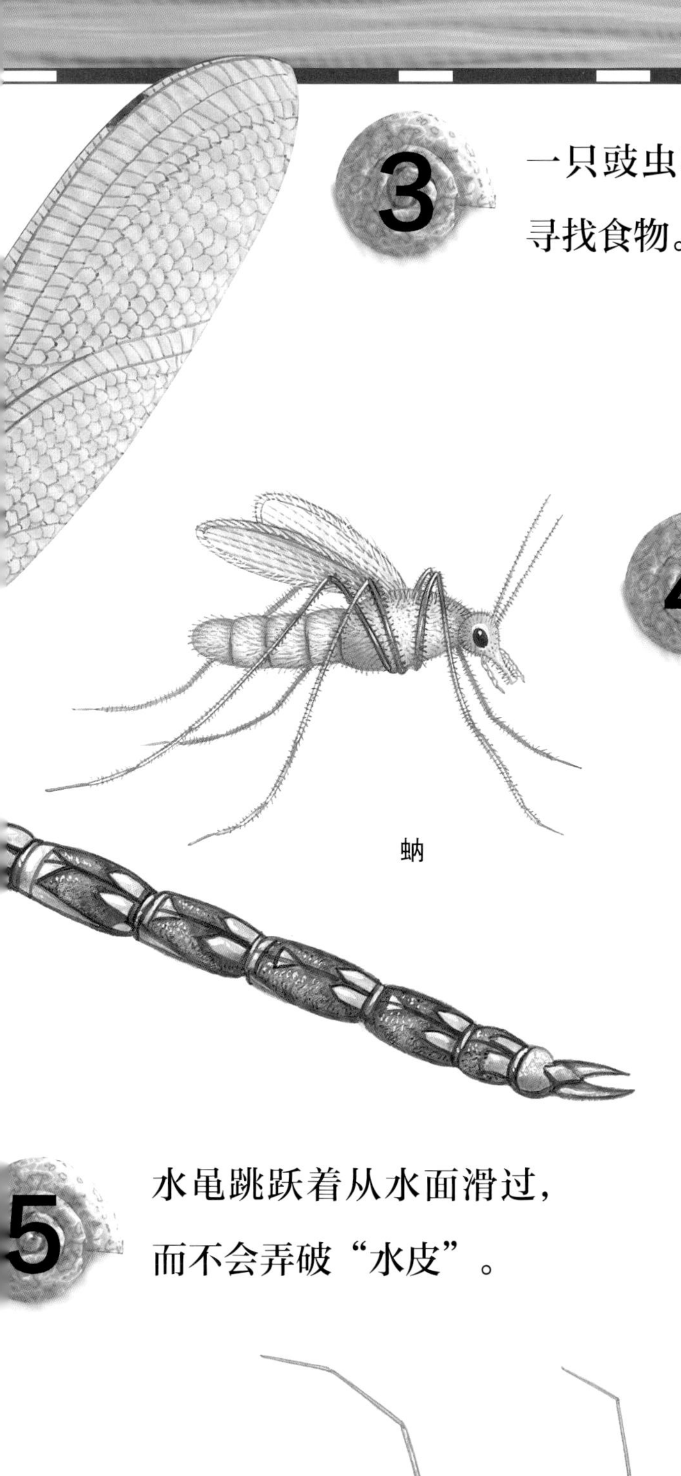

3 一只豉虫在水面上盘旋，寻找食物。

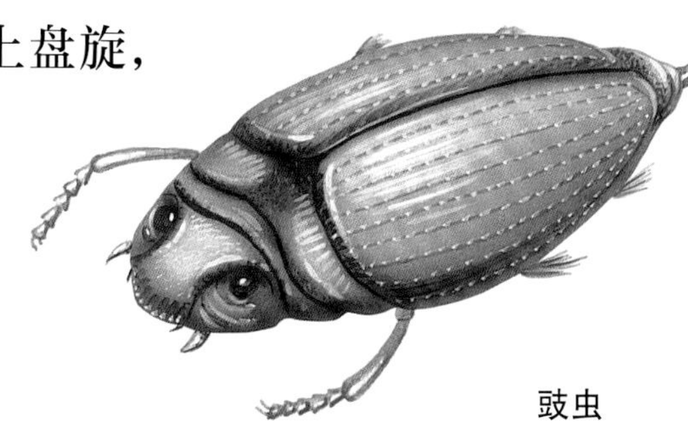

豉虫

4 雌性蚋从动物或人身上吸取微量的血作为食物。它们在水面上产卵。

蚋

5 水黾跳跃着从水面滑过，而不会弄破“水皮”。

水黾

水的皮肤

用水把杯子装满到几乎溢出来的程度。你可以看到，杯子顶部的水向外稍微凸起，好像一层薄薄的皮肤。

水中的污染物会破坏这层“皮肤”。因此，如果池塘受到污染，像水黾这类生活在水面上的动物就无法存活。

水下呼吸

水生动物需要呼吸氧气才能生存。一些动物浮出水面呼吸空气，而另一些动物待在水下，呼吸水中含有的氧气。下面的实验项目向你展示，水生植物是如何向水中释放氧气的。

水草释放的气体

你需要一株眼子菜、一个漏斗、一个塑料瓶，三块橡皮泥以及一个透明容器。

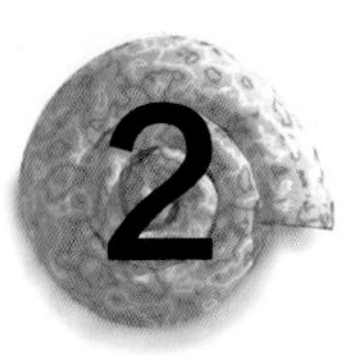

把眼子菜和橡皮泥放在容器底部，向容器内倒入一些水。把漏斗大口朝下放在橡皮泥上固定，把眼子菜罩住。

3 把装满水的塑料瓶头朝下卡在漏斗上。你会看到，一个个氧气泡逐渐从杂草中冒出，升入塑料瓶中。

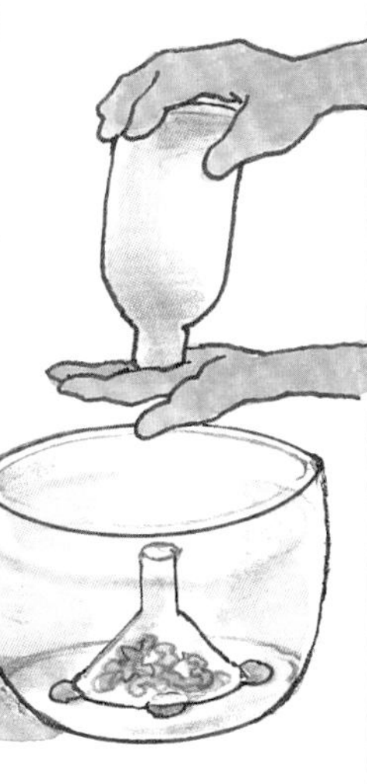

水下呼吸

鱼没有肺，它们通过一种称为“鳃”的特殊器官呼吸，鳃位于眼睛的后侧。

水流进鱼的嘴巴，然后从鳃穿过。水中的氧气被鳃吸收，进入血液。

肺鱼有鳃和肺，因此，它们在水里和外面都能呼吸。如果生活的地方水干了，它们可以躲在泥里，直到再次下雨。

池塘

你已经见过在池塘里生活的一些植物和动物。现在，你可以自己建造一个池塘，看看能否把一些动物吸引到你的池塘里来。

建造一个池塘

你需要一个扁平的托盘、沙砾、土壤、大石头以及一些水生植物，例如眼子菜。

用沙砾和土壤把托盘底部盖住。用一块大石头在中间造一个小岛。

小心翼翼地往托盘里倒一些水。尽量使用雨水，因为这样比较接近真实的池塘。

往池塘里放入一些植物，用沙砾和土壤把它们固定住。或者，你也可以用小花盆把它们固定住。

为你的池塘画一幅图，注意每天观察并做记录。看看哪些动物前来造访，它们待在哪里，并把每天的记录做比较。

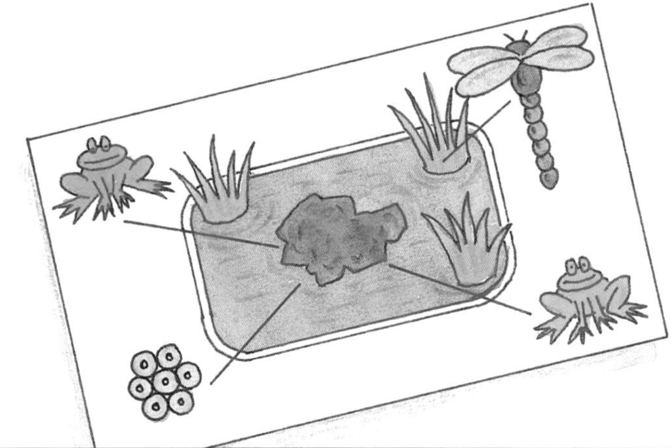

青蛙

当青蛙还是蝌蚪的时候，只能生活在水里。蝌蚪变成青蛙以后，既能生活在水里，也能生活在陆地上。

青蛙在水中产卵，被称为蛙卵。

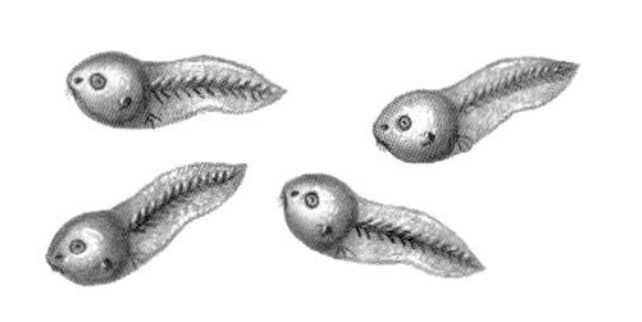

蝌蚪由蛙卵孵化而来，在水中游泳。

蝌蚪的尾巴消失，长出腿，变成青蛙。

水鸟

水鸟栖息在河流、池塘和海滨。仔细观察一些水鸟。它们有哪些方面跟这只鸭子相像？又有哪些方面不同？

注意不要惊吓水鸟！

这只鸭子的喙是扁平的。它用喙从水中过滤出种子、昆虫和蜗牛当做食物。

它还用喙往羽毛上涂油，使羽毛防水。水滴很容易从油上滚落。

形状和大小

下面是一些不同类型水鸟的示例。

鹈鹕

鹈鹕用又长又硬的喙和一个像网兜状的袋子（喉囊），把鱼从水里叼出来。

翠鸟

翠鸟栖息在树枝上，一旦发现水中有鱼，就用尖利的喙把鱼叼上来。

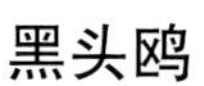

黑头鸥

黑头鸥的喙呈钩子状，能够牢牢抓住很滑的鱼，还能用来撕咬食物。

琵鹭

琵鹭的腿又长又细。它一边用细长的腿在浅水中蹚过，一边用勺子状的喙把食物兜起。

3 鸭子三根脚趾之间有皮肤相连，使它的脚像船桨一样。许多水鸟都有这样的蹼足。

潮汐

如果你每天去海边，就会注意到大海的边缘并不固定，可能前移，也可能后移。这是因为潮汐在发挥作用。

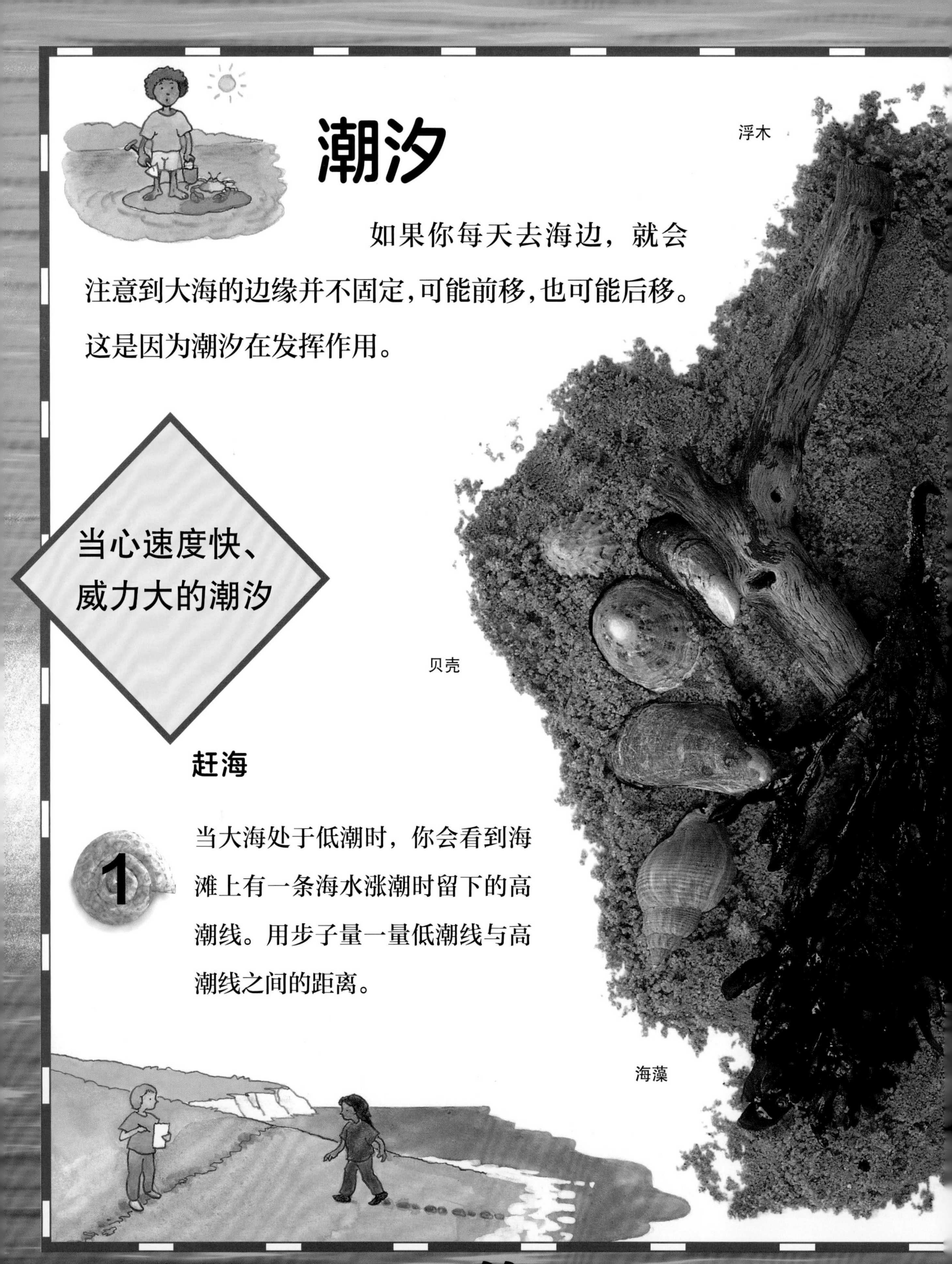

当心速度快、威力大的潮汐

赶海

1 当大海处于低潮时，你会看到海滩上有一条海水涨潮时留下的高潮线。用步子量一量低潮线与高潮线之间的距离。

陶器

鹅卵石

2 看一看海滩上只有在退潮时才能看到的那部分地方。你肯定能看到由蠕虫堆成的小沙堆，还有鸟类留下的足迹。

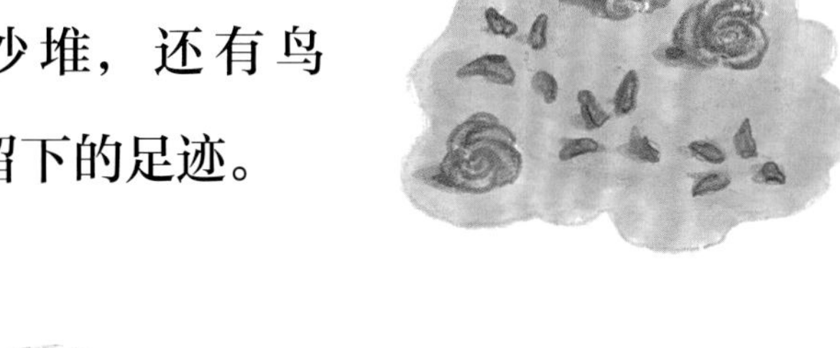

3 当海水远离海岸时，会把各种各样的东西留下来，例如海藻和陶器碎片。把你在退潮时发现的东西都记下来。

涨潮和落潮

潮汐实际上是由太阳和月亮的作用引起的。

引力是力的一种，它能使你双脚站立在地面上，也能够使物体落到地面上。

太阳和月亮的引力能吸引海水，产生潮汐现象。

海藻

沿着海岸到处都能找到海藻。它们的根比较特殊，与陆生植物不一样，被称为固着器，能牢牢抓住岩石。下面的实验向你展示近距离研究海藻的好方法。

收集海藻时务必小心

漂浮的海藻

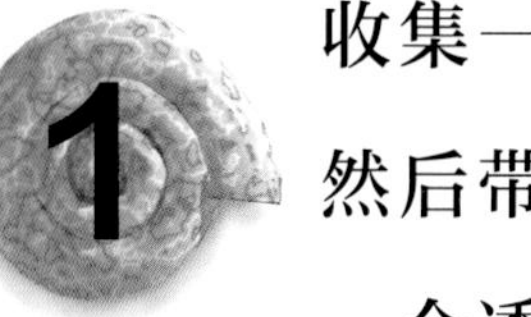

收集一些海藻，然后带回家。找一个透明的花瓶或玻璃瓶。把海藻放进去，用一颗石子把底部压住。向瓶里倒一些水。

看看海藻吸满水后膨胀浮起的形状。把海藻拿出来晾干，再看看它是如何变得既干瘪又瘦小的。

海藻的类型

在海岸上，你能找到三种海水退潮时留下的海藻：红藻、褐藻和绿藻。

鹿角菜

鹿角菜是一种红藻，你在潮水潭中能找到一些鹿角菜。

墨角藻

墨角藻是一种褐藻，它含有很多小囊泡，能帮助它在水中直立漂浮。

石莼

石莼是一种绿藻，看上去就像我们平常吃的生菜叶子。

潮水潭

潮水退去后，会在岩石上留下一个个水潭。你会发现，潮水潭是很多动物和植物的藏身之地。你可以自制一个特殊的观测器，把水下世界看得清清楚楚。

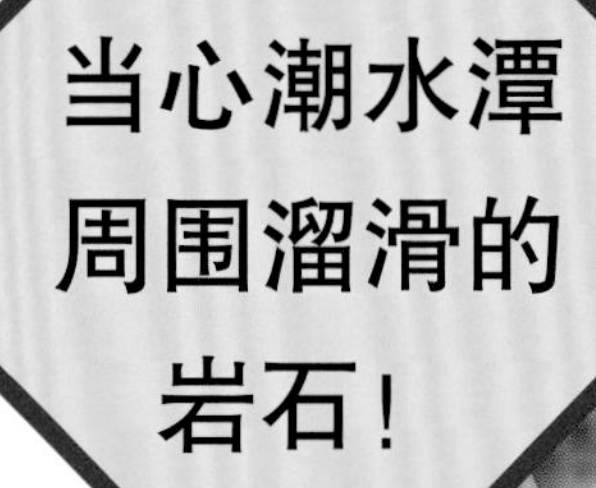

水下观测器

把一个塑料瓶的顶部和底部都切去，用胶带把参差不齐的边缘裹起来，为下一步制作做好准备。

在裹好的塑料瓶一端用保鲜膜覆盖并绷紧。用橡皮筋把保鲜膜固定在瓶体上，防止它从瓶体脱落。

潮水潭里的生命

各种各样的海洋动物共同生活在潮水潭里。下面是一些你可能会发现的动物。保持安静，尽量让你的影子远离潮水潭，否则，水中的动物可能会因为害怕而躲起来。

你看到了哪些动物，它们分别在什么位置，把看到的结果用一幅图记录下来。第二天继续观察，并把结果与第一天的加以比较。

3 把塑料瓶覆盖保鲜膜的那一端放入水中，透过保鲜膜进行观察，能把潮水潭底部看得一清二楚。

贝类

贝类的身体比较柔软，因此，它们用坚硬的外壳来保护自己。贝类有很多不同的类型。把你在海滩上发现的贝壳收集起来，像下面这样分类。

不要把那些还活着的贝类拿走！

贻贝

扇贝

4 扇贝、贻贝和竹蛏生活在能开合的两片贝壳中。它们需要进食时，就把贝壳张开。

竹蛏

帽贝

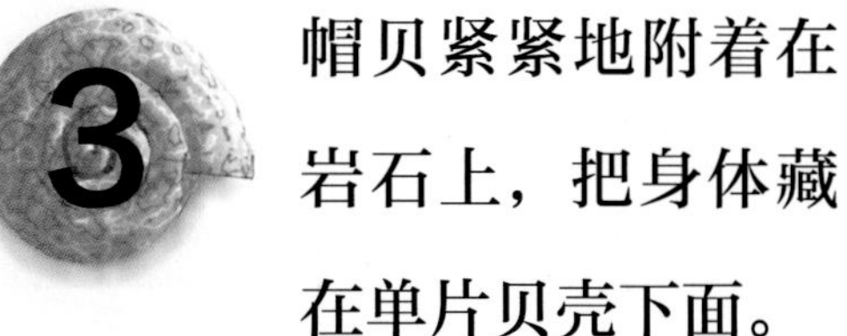

3 帽贝紧紧地附着在岩石上，把身体藏在单片贝壳下面。

收集贝壳

根据贝壳的大小和形状，把你收集的贝壳分成几组。

这些螺旋状贝壳曾经是峨螺的家，它们跟蜗牛很像。

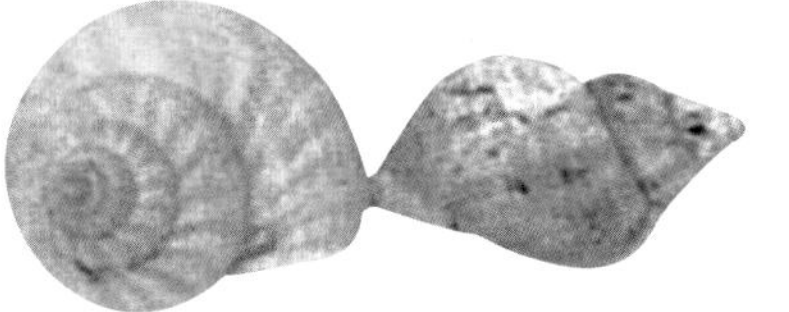

螺旋状贝壳

有用的贝壳

贝类进化出一些令人称奇的身体特征，用来获取食物，或保护自己免受天敌的伤害。

藤壶

藤壶的腿从外壳顶部一个小洞伸出来，用这些腿捕捉从中漂过的食物。

帽贝

帽贝在岩石上慢慢移动，用牙齿啃掉食物。

扇贝

如果扇贝遇到饥饿的海星，两片贝壳会不断地开合，利用喷射水流推动自己逃离。

你知道吗？

淡水

淡水是我们饮用的水。雨水是淡水，大多数溪水、河水、池水和湖水也都是淡水。海水尝起来很咸，因为它含有被河流从陆地冲刷到海里的矿物质和盐分。

本书 6、7 页的实验向你展示，河流如何把土壤冲走并挟裹到海里，使海水变咸。

水坝

水坝被用来阻挡河水或溪水。水坝可以由树枝或混凝土建造而成。水在水坝后面汇聚成湖泊或池塘。

本书 8、9 页向你展示如何建造一个水坝模型，还展示了哪些动物能建造水坝保护自己的家园。

氧气

氧气是空气中一种看不见的气体。氧气非常重要，因为它帮助一切生物制造生命所需的能量。

翻到 16、17 页，你可以看到水生植物如何释放氧气。这种氧气溶解于水中，使鱼和其他水生动物不必浮出水面也能呼吸。

水鸟

能游泳或涉水的鸟称为水鸟。许多鸟类在池塘边或河岸上筑巢并抚育幼鸟，比如鸭子。海鸟在海边的悬崖上筑巢，如海雀。一些海鸥和涉禽在沙滩的浅坑中筑巢。

在本书 20、21 页，你能学到更多关于水鸟的知识。

喙

鸟的嘴巴被称为喙。喙的类型多种多样，鸟根据自己所吃的不同食物，进化出不同的喙。

在本书 20、21 页，你可以看到几种不同类型的喙。当你在户外时，注意观察，看能否发现鸟类其他类型的喙。

潮汐

海水每天都会向前或向后移动，这种现象被称为潮汐。

在 22、23 页，你可以用脚步丈量高潮线与低潮线之间的距离。在 26、27 页，你可以探索退潮后留下的潮水潭。

引力

引力是一种看不见的力，使物体和物体之间互相吸引。物体越大，它的引力就越大。地球引力把所有物体吸到地面。

在 22、23 页，你能看到引力是如何影响海洋的。你能不能查明，在地球之外，是什么物体的引力对海洋产生了影响？

贝类

贝类的身体比较柔软，需要用坚硬的外壳支撑身体并保护自己。贝类包括海螺、帽贝和扇贝等。

下次你去沙滩玩时，看看能收集多少贝壳。本书 28、29 页向你介绍了一些关于海生贝类的趣事。